U0887068

可调蒸汽引射器设计与性能优化

Design and Performance Optimization of Adjustable Steam Ejectors

郭宇朦 / 著

化学工业出版社

·北京·

内 容 简 介

本书系统阐述了引射器的工作原理、分类方法、性能指标及其在热电联产等工业系统中的典型应用，重点介绍了引射器的设计思路与优化策略。内容涵盖从经典热力学方法到气体动力学函数法，并结合数值模拟与实验研究，深入探讨单相与两相引射器的流动特性、结构优化与性能评价。针对可调蒸汽引射器，书中开展了基于流场特性与熵产机理的喷管与调节锥耦合优化研究。同时，书中还包括高温高压蒸汽引射器的实验设计与验证结果，具有突出的工程指导意义。

本书适合能源与动力工程、流体机械、化工过程装备等相关领域的科研人员、工程技术人员以及高校教师参考使用。

图书在版编目（CIP）数据

可调蒸汽引射器设计与性能优化 / 郭宇朦著. 北京 ：化学工业出版社，2025. 11. -- ISBN 978-7-122-49409-2

Ⅰ. TK05

中国国家版本馆 CIP 数据核字第 2025A5G988 号

责任编辑：彭明兰　　文字编辑：连思佳
责任校对：宋　夏　　装帧设计：刘丽华

出版发行：化学工业出版社
（北京市东城区青年湖南街 13 号　邮政编码 100011）
印　　装：北京天宇星印刷厂
710mm×1000mm　1/16　印张 $8\frac{3}{4}$　字数 145 千字
2025 年 11 月北京第 1 版第 1 次印刷

购书咨询：010-64518888　　售后服务：010-64518899
网　　址：http://www.cip.com.cn
凡购买本书，如有缺损质量问题，本社销售中心负责调换。

定　　价：98.00 元

版权所有　违者必究

前言

随着能源紧张与环境问题的加剧，推动能源结构转型与实现绿色低碳发展已成为时代共识。我国以煤炭为主的能源体系在支撑经济增长的同时，碳排放压力持续攀升，电力行业节能减排任务尤为紧迫。热电联产机组作为电力系统的重要组成部分，普遍采用“以热定电”的运行模式，受供热需求制约，调峰能力不足，严重制约了新能源发电的消纳与电力系统的灵活性提升。随着“双碳”目标的提出，削弱热电耦合、提升机组灵活性成为电力行业发展的关键方向。

在众多解耦技术中，引射器作为一种无运动部件的流体动力装置，凭借其结构简单、调节灵活、能量回收高效等特点，为热电解耦改造提供了创新路径。通过耦合蒸汽引射器，热电联产系统能够有效提升机组调峰能力，促进可再生能源的高比例消纳，增强电力系统的稳定性和韧性。因此，基于引射器技术开展热电联产系统灵活性改造，具有重要的工程应用价值和广阔的发展前景。

本书围绕引射器在热电联产系统中的设计与性能优化展开，系统阐述了引射器的工作原理、分类与应用，深入分析了国内外研究现状与发展趋势，详尽介绍了引射器设计的理论方法与数值模拟技术，重点针对可调引射器的喷管结构优化与性能提升进行了系统研究，探讨了可调引射器工况参数及关键结构尺寸对引射器性能的影响。通过对可调引射器设计方法与性能优化策略的深入探讨，本书旨在为热电联产机组灵活性提升提供理论指导与工程参考。

在编写过程中，本书注重理论与实践结合，兼顾基础性与前沿性，内容安排由浅入深，体系完整，既适合从事引射器设计与研究的工程技术人员参考使用，也可供高等院校相关专业师生学习与研究参考。希望本书的出版能够为我国能源结构优化与“双碳”目标的实现贡献绵薄之力。

由于作者水平有限，书中难免存在不足之处，恳请各位专家、读者批评指正。

著　者

2025 年 9 月于太原

目录

第1章 引射器工作原理、分类与应用

进入 21 世纪，能源短缺与温室气体排放带来的环境问题日益突出，已成为全球普遍关注的重要议题。根据 2023 年的统计数据，我国一次能源生产总量达到 48.3 亿吨标准煤，同比增长 4.2％。其中，天然气产量增长了 2.1％，原油产量增长了 5.6％，而原煤产量仍占据最大比重，达到 58.2％，同比增长 3.4％。这种现象与我国“富煤、贫油、少气”的能源禀赋特性密切相关，也凸显了我国在能源结构调整方面的长期挑战。

煤炭作为我国能源体系中的支柱，其主要应用集中在建材、冶金以及电力等行业，尤其是在电力行业中，煤炭仍然是最主要的能源来源。然而，煤炭的广泛使用不仅带来了显著的碳排放问题，也成为我国实现低碳经济的重大障碍。因此，如何在保障能源安全的同时，推动能源结构的绿色低碳转型，将是我国能源战略中的核心问题。

为应对这个挑战，2020 年 9 月，我国政府正式宣布了“力争 2030 年达到二氧化碳排放峰值，2060 年实现碳中和”的目标。根据 2023 年的数据，电力行业碳排放量占我国总排放量的约 42.5％，使得推动电力行业节能减排成为实现“双碳”目标的关键。

为此，国家发改委明确提出，要构建清洁低碳、安全高效的现代能源体系，积极开发利用风能、太阳能等可再生能源，并推进能源结构的绿色转型。这个战略目标使得推动以可再生能源为主体的新型电力系统建设成为实现“双碳”目标的必由之路。据国家能源局最新数据，2023 年我国风能与太阳能合计发电量同比增长 2801 亿千瓦・时，占全年总发电量增量的 46.1％。图 1-1 给出了我国非化石能源分品种发电量增量以及电力供应规模与结构。从图 1-1 中数据可以看出，2016～2023 年间风电与光伏发电新增装机容量占比长期保持在

70%以上，充分体现了其在能源结构调整中的关键作用。风电和光伏发电具有极强的间歇性、波动性和随机性，其大规模并网为电网带来前所未有的调峰压力，引发了严重的可再生能源消纳问题。

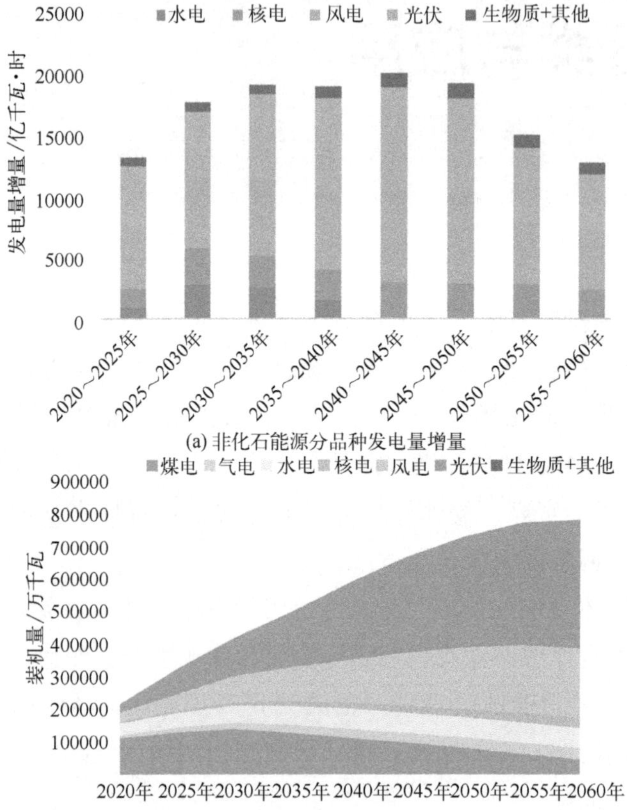

(a) 非化石能源分品种发电量增量

(b) 电力供应规模与结构

扫码看彩图 1-1

图 1-1　我国非化石能源分品种发电量增量以及电力供应规模与结构

我国已批量建成并投入运行大容量、高参数的燃煤热电联产机组，且其装机规模稳居世界前列。传统的热电联产机组通常采用“以热定电”的运行模式，即根据供暖热负荷的需求来决定发电量，优先满足供热需求，发电负荷随之调整，因此电力输出受供热需求的制约。然而，该运行模式在电网负荷低谷期会导致发电量过剩，而在电网负荷高峰期则可能导致发电量不足，无法满足电网负荷调节需求。特别是在“三北”地区（西北、华北、东北）的冬季供热期，由于“以热定电”模式，热电耦合问题更加突出。随着供热负荷需求的持续增加，机组的调峰能力严重受限，进一步加剧了新能源电力消纳难题。根据《电力发展“十四五”规划》，热电联产机组应加快实施热电解耦改造，提升热电联产机组调峰能力，增强电网对可再生能源的消纳能力，为清洁能源高占比的电力系统的电网安全稳定运行提供可靠支撑，进而确保电网的安全和稳定运行，使其成为电力系统的“稳定器”和“压舱石”。削弱热电联产系统中热、电两类能源之间的刚性约束，是提升机组灵活性并促进新能源发电量消纳的关键措施。目前，国内外针对热电机组灵活性提升的改造方案主要包括热泵供热、储热供热、电锅炉供热、低压缸近零出力供热以及汽轮机组、再热蒸汽旁路补偿供热等。

热泵供热技术主要采用高参数蒸汽作为驱动源，回收热电厂的乏汽余热。在热电机组中增设吸收式热泵，可有效减少冷源损失并提升供热能力。储热供热方案则是在一次热网供热系统中增设储热罐，当电负荷高、热负荷低时，将电能转化为热能储存；当电力负荷低时，通过储热罐放热以满足热网需求，缓解热电平衡的约束。电锅炉是一种将电能转化为热能的清洁设备，在热电机组进行深度调峰时，可利用电锅炉将过剩的电量转化为热能储存，在增强供热能力的同时有效削减上网功率。低压缸近零出力供热方案通过新增旁路管道设备，将少量蒸汽引入低压缸以冷却运动部件，并使热网加热器所利用的中压缸排汽量达到最大，此方法突破了低压缸进汽量的低限值，显著提升了机组的供热与调峰能力。汽轮机组、再热蒸汽旁路补偿供热方案可在保持机组电负荷的基础上大幅提高供热能力。然而，单独采用主蒸汽旁路或再热蒸汽旁路供热可能导致机组轴向推力和叶片强度超限。为此，提出了一种高低旁路联合供热方案，通过调节高、低旁路蒸汽流量实现优化匹配，从而降低相关风险。表 1-1 给出了不同供热系统灵活性改造方案的利弊比较。经过上述改造方案的优化，热电联产机组的灵活性得到了显著提升，有助于缓解“以热定电”模式下的运行约束。然而，这些方法在实施过程中仍存在一定的局限性，例如，投资成本较高、调节范围受限以及对机组运行安全性的影响。因此，探索更加高效、经济且适应性强的热电解耦技术已成为当前研究的重点方向。

表 1-1　不同供热系统灵活性改造方案利弊比较

方案	优点	缺点
热泵供热	经济效益优越，增加供热量的同时减少了冷源损失	受以热定电影响，难以完全实现热电解耦
储热供热	无须改动主机供热系统，技术较为简单，运行成本低	初始投资高，调峰性能受限

续表

方案	优点	缺点
电锅炉供热	技术成熟，适用性广，具有优越的调峰性能，电负荷最低可降为零	初始投资高，运行经济性差，不利于供热煤耗
低压缸近零出力供热	技术成熟，投资低，可以减少冷源热损失，在一定程度上实现热电解耦	供热负荷决定调峰能力，难以完全实现热电解耦运行受轴向推力以及锅炉再热器冷却限制，运行经济性差
汽轮机组、再热蒸汽旁路补偿供热	实现最大限度热电解耦	供热改造影响系统安全

引射器（也称喷射泵、射流泵、喷射器）是一种混合增压设备。引射器的研究可以追溯至19世纪60年代。1858年，法国机车工程师Henry Giffard首次申请了引射器专利，并将其应用于蒸汽动力机车中。至1930年，B. H. 冈恰罗夫在其著作中提出，建立引射器理论应基于对引射器内部流体动力学现象的研究。长期以来，引射器理论主要集中于特定用途引射器的计算方法的开发与分析。1939年，德国的Flugel成功制造了第一台引射器，推动了引射器实际应用研究的进展。随着流体力学、空气动力学等基础学科的不断发展，国内外众多学者对引射器的设计方法和理论分析进行了深入探讨。特别是苏联在引射器的设计与工程应用方面发挥了重要的指导作用。1935～1948年间，中央流体力学研究所对蒸汽喷射压缩器的性能进行了系统的研究，并根据研究结果设计出了首批蒸汽喷射压缩装置。与此同时，全苏热工研究所对实际应用中的多种类型引射器进行了理论与实验研究，建立了引射器主要尺寸的计算方法，并推导出引射器在变工况下的特性曲线方程。

我国对喷射技术的研究起步较晚。20世纪50～60年代，武汉水利电力学院等单位开始对射流泵及射流器进行初步研究。直到20世纪80年代，我国对引射器的研究才逐步进入工程应用阶段，许多高校也开展了引射器设计的修正计算和实验测试研究，并取得了初步成果。通过这些研究，国内对引射器的工作原理、设计方法和性能评估有了更深入的理解，为引射器在工业中的应用奠定了基础。随着化石能源的日益短缺和环境保护意识的增强，引射器凭借其低能耗、高效能和环保特性，在能源、环保以及高效制冷等领域发挥着不可替代的作用。近年来，基于引射器自身的优点，为实现热电联产机组的热电解耦和乏汽余热利用，部分学者提出并研究了集成蒸汽引射器的热电联产系统[1,2]。

作为热电联产系统中的关键部件，蒸汽引射器性能的提升对于保障整个系统安全高效、稳定运行具有重要意义。

1.1 引射器工作原理

引射器能够使两股压力不同的流体在引射器内部相互混合，进行能量、动量和质量的交换，并形成一股压力居中的混合流体，且无须直接消耗机械能。引射器包括四个主要部件：喷管、吸收室、混合室和扩压室。根据喷管出口位置，引射器分为等压混合引射器和等面积混合引射器，其结构如图 1-2 所示。需要指出的是，虽然引射器的结构表现出等压混合、等面积混合等特征，但与热力学模型中的等压混合模型和等面积混合模型有所不同。热力学模型中的等压混合和等面积混合假设是建立在一定的理想化条件下的，主要目的是简化混合过程中的动量方程，以便计算。与之不同，引射器的结构特征中的等压混合和等面积混合，更多体现在壁面型线的设计特征上，而非二维流道设计。

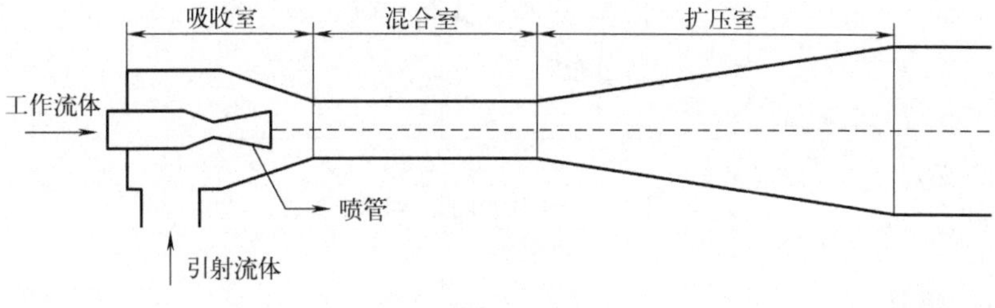

(a) 等压混合引射器

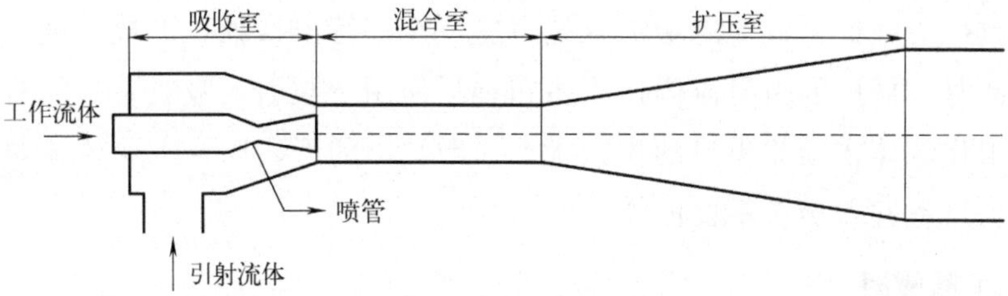

(b) 等面积混合引射器

图 1-2 引射器的结构

在进入引射器之前，压力较高的流体称为工作流体，而压力较低的流体称为引射流体。其工作原理为：高温高压的工作流体通过喷管膨胀加速，在喷管出口处形成低压区，将低温低压的引射流体吸入吸收室。两种流体在混合室内充分混合后，经过扩压室升压后流出引射器。

若工作流体与引射流体为同种性质的流体，引射器的工作过程可利用焓-熵图表示，如图 1-3 所示。图 1-3 中，p_p^* 表示工作流体在喷管前的总压，p_s^* 表示引射流体进入混合室前的总压，p_1 表示工作流体在喷管出口处的静压。两种流体在混合室内充分混合后，静压升高至 p_m；随后在扩压段中，气流速度进一步降低，压力再次提升至 p_d。对于以提升被引射气流压力为目的的引射器，其扩压室出口总压应高于引射气流的进口总压。

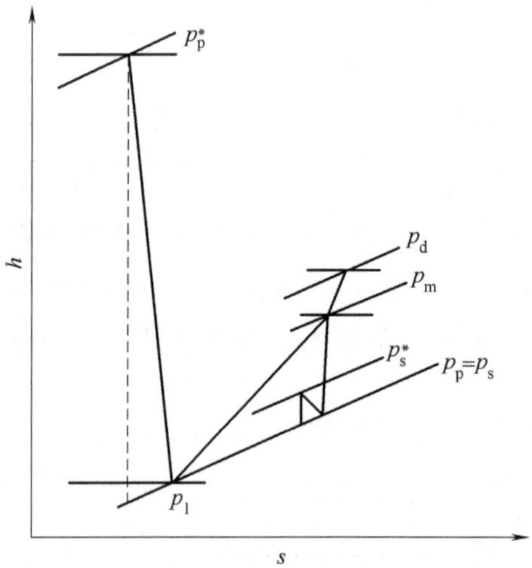

图 1-3　引射器的焓-熵关系

（1）喷管

当工作流体进入喷管时，经过绝热膨胀过程，流体的压能和热能转化为动能，导致压力降低并使流速增加至超声速。在喷管出口处，形成高速、低压的流体。此时，低压的引射流体在压差和卷吸作用下被引入吸收室。喷管的结构设计对工作流体在喷管出口的膨胀状态、激波串的形成以及工作流体与引射流体的混合过程起着至关重要的作用。

（2）喷嘴距

喷嘴距（nozzle exit position，NXP）是指引射器中喷嘴出口到混合室入口之间的距离。若喷嘴距过大，会导致较大的流动损失，影响引射和升压能力；而喷嘴距过小则可能限制流体的充分混合，进而降低引射效果。通常存在一个最佳喷嘴距，使引射器的性能达到最优。

（3）混合室

混合室是引射器中的关键部件，其主要作用是通过剪切力和湍流扩散，使工作流体与引射流体完成混合过程。在混合室中，由于流体在超声速条件下流动的不稳定性，会产生不可逆的激波现象，经过激波作用，混合流体的速度降低至亚声速，同时压力升高。混合室的长度和直径对引射器的性能具有重要影响。

① 若混合室长度过短，可能导致混合不充分，降低能量转换效率；过长则会增加摩擦损失。

② 随着混合室直径的增加，引射性能增加，但升压性能降低。在设计过程中，通常通过实验和数值模拟来优化混合室的几何参数，以提升引射器的整体性能。

（4）扩压室

扩压室的主要作用是对混合室出口的混合流体进行升压。工作流体与引射流体在混合室内充分混合后，以较高的速度进入扩压室。由于扩压室横截面积逐渐增大，流体的动能逐步转化为压能，从而实现升压。扩压室的角度对引射器的性能有着重要影响：角度过大会导致扩压室内壁面的流体分离，形成涡流并引起能量损失；而角度过小则可能增加流动阻力，降低引射器效率。扩压室的长度同样影响其性能：长度过短可能导致升压效果较差；过长则增加摩擦损失，降低引射器整体性能。

1.2 引射器分类

根据引射器中工作流体与引射流体的相态关系，引射器可分为不同类型。在实际工程中，引射器所处理的介质可能为气体、液体甚至是气-液、气-固等多相混合物，部分工况还可能伴随蒸发、冷凝等相变过程。因此，引射器的混合过程可能涉及复杂的热力、相态及流动机制。

虽然工程上对引射器的命名尚未统一，如“引射器”“喷射器”“混水器”“射流器”等称谓并存，但若从流动介质的相态变化角度划分，其基本工作原理相通。根据引射器中相互作用介质的相态、流动状态和结构特征对其进行分类。

1.2.1 按工作介质相态分类

此分类方式是最基础且最常见的分类方法，根据工作流体、引射流体及混合流体的相态（气相、液相、固相）及其在混合过程中是否发生变化进行划分。

（1）单相引射器

工作流体与引射流体为同一相态，且在混合过程中相态不发生改变。

气-气引射器：如蒸汽引射器抽吸低压蒸汽或空气，广泛应用于热电联产、真空制备、航空航天等领域。

液-液引射器：如水喷射泵抽吸海水或化学药液，常用于海水淡化、化工流程、消防灌溉等。

（2）多相引射器（非相变）

工作流体与引射流体处于不同相态，且在混合过程中相态不发生变化。

气-液引射器：以高压气体（如蒸汽或压缩空气）引射液体，用于混合、搅拌或输送。

液-气引射器：以高速液体（如水）引射气体，用于曝气、抽真空或制冷（如蒸汽喷射制冷）。

（3）相变引射器

在引射或混合过程中，介质的相态发生改变。这类引射器涉及复杂的传热与传质过程。

凝结引射器：如用于制冷系统的引射器，工作蒸汽在混合室内凝结，将其潜热传递给引射流体。

闪蒸引射器：高压饱和液体在喷嘴内降压闪蒸为气液两相流，进而引射其他流体。

1.2.2 按工作介质压缩特性分类

引射器在运行过程中，介质是否发生显著压缩，是其另一个重要的分类依据。依据介质的压缩行为，引射器可分为压缩性引射器与非压缩性引射器，其中压缩性引射器又可根据工作流体与引射流体的弹性特性组合以及系统中关键压力参数，进一步细分。

对于同相的双弹性介质引射器（如气-气或汽-汽），其工作特性很大程度上取决于两个关键的压力比参数。

膨胀比：定义为喷管入口处工作流体压力与喷管出口背压之比。它反映了工作流体在喷管中的膨胀程度。

压缩比：定义为出口混合流体的压力与被引射流体入口压力之比。它反映了引射器对被引射流体的增压能力。

在工程实践中，广义上的“引射器”“喷射器”“喷射压缩器”等术语，通常用于描述基于高速工作气流实现动量传递和能量交换的一类装置。此类引射器多以蒸汽、空气或其他气体为工作介质，根据典型压缩特性，可分为以下三类。

（1）大膨胀比和小压缩比引射器（蒸汽喷射压缩器）

这类引射器的工作流体在喷管内膨胀程度大，动能显著提升，常用于抽吸或输送低压引射气体。引射气流压缩较弱，混合流出口压力仅略高于引射气流入口压力。此类装置的压缩比通常小于 1.2，结构相对简单，适用于不要求显著升压的工况。典型应用包括锅炉蒸汽-空气吹灰器、气体喷燃器、空气吹洗装置。

（2）中等膨胀比和中压缩比引射器（气体引射器或蒸汽引射器）

这类引射器的压缩比大于 1.2 且小于 2.5，广泛用于火电厂热力系统、热泵系统等，常以蒸汽或气体为工作流体，在混合过程中具有一定的可压缩性和能量交换效率。典型应用为提高废蒸汽压力以实现再利用，增大管网中的气体压力。

（3）大膨胀比和大压缩比

此类引射器兼具工作气流的剧烈膨胀与引射气流的显著压缩，压缩比一般大于或等于 2.5，适用于建立并维持高真空条件。典型应用场合包括真空冷凝系统、高空模拟试验装置、多级蒸汽喷射真空泵系统。

引射器的压缩性分类为工程设计提供了基础判断依据。通过识别工况中对压缩比与膨胀比的具体需求，可选取适配的引射器结构与类型，从而保障系统运行的稳定性与经济性。尤其在热电联产、制冷抽真空、高压余热利用等场合，准确判断压缩特性对于引射器性能至关重要。

1.2.3 按内部流动状态分类

根据引射器内部关键截面（如喷管出口、混合室）的流体流速与当地声速的关系进行划分。

（1）亚声速引射器

工作流体在喷管出口及混合室内的流速始终低于声速，其结构相对简单，但引射效率和升压能力通常较低。

（2）超声速引射器

工作流体在缩放喷管（拉瓦尔喷管）中充分膨胀，在喷管出口处形成超声速射流。此类引射器通常具有更高的引射系数和升压比，但其内部流场存在复杂的激波串结构，设计难度较大。本书介绍的蒸汽引射器多属此类。

1.2.4 按应用功能分类

根据其在系统中所实现的主要功能进行划分。

抽真空引射器：用于产生和维持真空，如电厂凝汽器抽真空系统。

增压引射器：用于提升流体压力，如回收低压乏汽并增压至可用等级。

混合引射器：用于使两种或多种介质快速、均匀混合，如化工反应器中的混料器。

输送引射器：用于输送固体颗粒、浆液等，即气力或水力输送系统。

1.3 引射器内壅塞与激波现象

引射器内部流动涉及复杂的可压缩流体动力学行为，其中壅塞（choking）与激波（shock wave）是两种关键物理现象，深刻影响着引射器的工作特性与性能边界。

1.3.1 壅塞现象

引射器内部可能发生两次壅塞现象。第一次壅塞发生在工作流体喷管的喉部。当工作流体在缩放喷管内加速至当地声速时，喷管喉部发生壅塞。此后，工作流体的质量流量将不再随喷管出口背压的降低而增加，即质量流量达到最大值并保持稳定。

第二次壅塞发生在混合室内。当引射器的出口背压降低到某一临界值（称为临界背压，critical back pressure，CBP）时，引射流体在混合室某截面处速度达到声速，发生壅塞。此时，引射系数达到最大值且不随背压的进一步降低而改变，引射器处于临界工作模式（或双壅塞模式）。若出口背压高于临界背压，则混合室壅塞消失，引射器进入亚临界工作模式，引射系数随背压升高而急剧下降。

1.3.2 激波现象

激波的产生：超声速气流在受到扰动时必然产生压缩波（激波）或膨胀波。工作流体在喷管出口处通常为超声速欠膨胀或过膨胀状态，会形成复杂的波系结构（如斜激波、膨胀扇、马赫盘）。此外，超声速工作射流与低速引射流体在混合室内剪切混合时，也会因强烈的动量交换和边界约束诱发激波。

激波的影响：激波导致流动参数（速度、压力、温度）发生突跃式变化，同时伴随显著的不可逆损失，消耗流体的动能，是影响引射器效率的关键因素之一。激波的位置、强度和稳定性直接决定了引射器的压力恢复能力和工作性能。

激波的研究：在引射器的设计与优化过程中，深入研究激波的形成机理、位置及其迁移规律至关重要。传统一维设计理论通常对激波位置进行简化假设（如设定于混合室入口或末端），这与实际复杂流动存在差异。计算流体动力学（CFD）数值模拟是研究激波特性的强大工具，能够清晰揭示引射器结构参数和工况条件对激波位置、强度以及整体性能的影响规律，为高性能引射器的设计提供理论指导。

1.3.3 喷管出口马赫波形成

为清晰揭示引射器内部超声速流动中马赫波的产生机理与传播特性，需建立合理的理论分析模型。本小节采用以下基本假设以简化分析。

理想气体假设：假定工作介质为绝热指数 k 恒定的理想气体。该假设避免了真实气体效应的复杂性，使控制方程得以封闭，是分析可压缩流动中波系结构的常用前提。

流动对称性与均匀性假设：假定工作流体在喷管出口沿径向均匀分布；假定引射流体在吸入室的入口截面处，其压力与温度沿径向均匀分布。此两项假设将复杂的三维流动简化为可处理的一维或准一维问题，为分析工作流体与引射流体的相互作用奠定了基础。

绝能等熵流动假设：假定工作流体在喷管内的流动为绝能（无能量加入或析出）且等熵（无黏性、无热传导的可逆过程）。

滞止参数假设：由于喷管入口流速远小于出口处的超声速流速，故合理假定喷管入口处工作流体的速度为零。因此，喷管入口处的压力即可视为工作流体的总压（滞止压力）。

本小节主要讨论引射器内部来源于超声速流动产生的激波和膨胀波系，因此引射器喷管内工作流体处于超临界状态，即喷管喉部达到壅塞，使得出口气流为超声速。根据引射流体的压力 p_s 和工作流体的滞止压力 p_p^* 可以划分喷管出口的流动状态。

对于拉瓦尔喷管，根据绝热等熵条件，质量流量系数与喷管出口面积比（喷管出口面积 A_1 与喷管喉部面积 A_t 之比）的关系为

$$q(Ma)=\frac{A_t}{A_1} \tag{1-1}$$

$$\frac{A_1}{A_t}=\frac{1}{Ma}\left\{\frac{2}{k+1}\left[1+\frac{k-1}{2}(Ma)^2\right]\right\}^{\frac{k+1}{2(k-1)}} \tag{1-2}$$

喷管出口的亚声速气流和超声速气流的马赫数 Ma_{sub}、Ma_{sup} 可以由式（1-3）～式（1-5）得到。由滞止参数假设可以近似认为 p_p^* 与 p_p 相等。划分不同类型的喷管出口流动情况的临界压强比可由下面公式得到。

$$\left(\frac{p_e}{p^*}\right)_1=\Pi(Ma_{sup}) \tag{1-3}$$

$$\left(\frac{p_e}{p^*}\right)_2=\frac{p_2}{p_1}\Pi(Ma_{sup}) \tag{1-4}$$

$$\left(\frac{p_e}{p^*}\right)_3=\Pi(Ma_{sub}) \tag{1-5}$$

式中　p_e——喷管出口背压。

1.3.3.1 喷管出口膨胀波

本小节定义工作流体压力与引射流体压力之比为 E，当 $(1/E)<(p_e/p^*)_1$ 时，工作流体在喷管内部无法充分膨胀，超声速气流在离开喷管后将继续膨胀并加速，于喷管出口处形成膨胀波系。在喷管出口的上下边缘处会产生两束扇形膨胀波。在欠膨胀状态下，这一组从出口边缘传播的膨胀波构成了扇形膨胀波系，其作用是将工作流体的压力降至环境压力 p_e，并使气流产生一个外偏转角 α。当气流通过该膨胀波系时，其参数呈连续变化。在不考虑气体黏性与外界热交换的理想情况下，气流穿过膨胀波系的过程可视为绝能等熵膨胀，即在整个扇形膨胀波或压缩波前后，气流的总密度、总压和总温均保持不变。

根据等熵流动的气体动力学函数关系，可推导出气流偏转角 α 与波后马赫数 Ma 之间的关系，最终得到普朗特-迈耶膨胀波的基本公式如下。

$$\alpha=-\sqrt{\frac{k+1}{k-1}}\arctan\sqrt{\frac{k+1}{k-1}[(Ma)^2-1]}+\arctan\sqrt{(Ma)^2-1}+C_1 \quad (1\text{-}6)$$

式中　C_1——积分常数。

气体动力学函数 $\nu(Ma)$ 为普朗特-迈耶函数，计算公式如下。

$$\nu(Ma)=\sqrt{\frac{k+1}{k-1}}\arctan\sqrt{\frac{k+1}{k-1}[(Ma)^2-1]}-\arctan\sqrt{(Ma)^2-1} \quad (1\text{-}7)$$

式（1-6）可以简化为

$$\alpha-\nu(Ma)=C_2 \quad (1\text{-}8)$$

式（1-8）适用于右伸膨胀波。左伸膨胀波和右伸膨胀波分别如图 1-4 和图 1-5 所示。对于所有弱波，气流通过膨胀波系的总转折角如下。

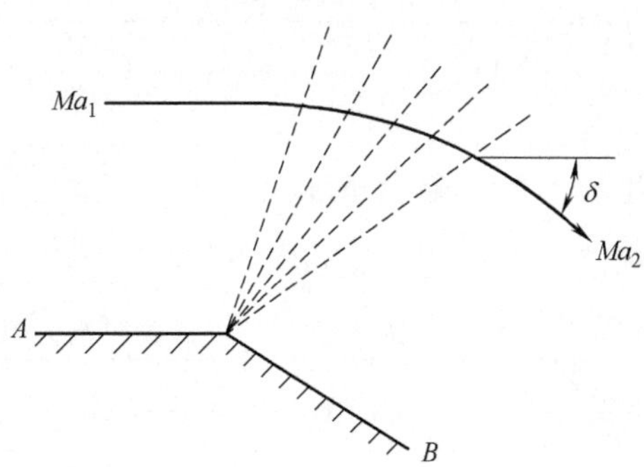

图 1-4　左伸膨胀波

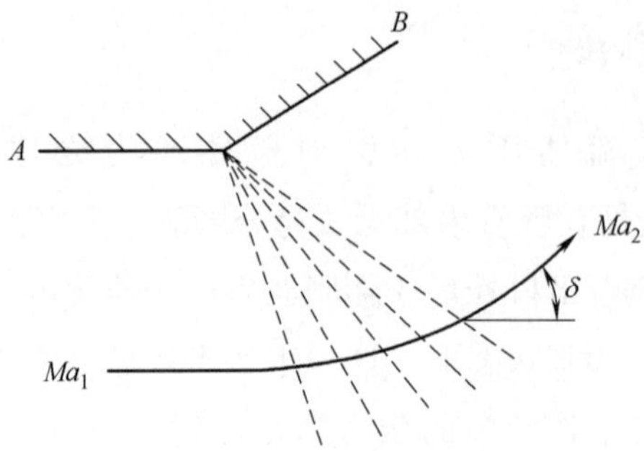

图 1-5　右伸膨胀波

左伸膨胀波

$$\alpha=\nu(Ma_1)-\nu(Ma_2) \tag{1-9}$$

右伸膨胀波

$$\alpha=\nu(Ma_2)-\nu(Ma_1) \tag{1-10}$$

1.3.3.2　喷管出口斜激波

当 $(p_e/p^*)_1<(1/E)<(p_e/p^*)_2$ 时，喷管出口出现斜激波。斜激波波面与来流方向间的夹角 θ 称为激波角，简称波角。激波角的大小反映了激波的强弱，当 $\theta=\pi/2$ 时，波面与来流方向相垂直，激波为正激波，正激波是同样来流马赫数下强度最高的激波；当 $\theta=\arcsin(1/Ma_1)$ 时，激波退化成了马赫波，马赫波的强度最弱。斜激波的强度介于马赫波和正激波之间。气流转折角 δ、激波角 θ 与工作流体的来流马赫数 Ma_1 的关系式为

$$\tan\delta=\frac{(Ma_1)^2\sin^2\theta-1}{\left[(Ma_1)^2\left(\frac{k+1}{2}-\sin^2\theta\right)+1\right]\tan\theta} \tag{1-11}$$

工作流体穿过斜激波后的马赫数 Ma_2 为

$$(Ma_2)^2=\frac{(Ma_1)^2+\frac{2}{k-1}}{\frac{2k}{k-1}(Ma_1)^2\sin^2\theta-1}+\frac{(Ma_1)^2\cos^2\theta}{\frac{k-1}{2}(Ma_1)^2\sin^2\theta+1} \tag{1-12}$$

斜激波前后工作流体的总压比可以由式（1-13）得出。

$$\frac{p_2^*}{p_1^*}=\frac{\left[\frac{(k+1)(Ma_1)^2\sin^2\theta}{2+(k-1)(Ma_1)^2\sin^2\theta}\right]^{\frac{k}{k-1}}}{\left[\frac{2k}{k+1}(Ma_1)^2\sin^2\theta-\frac{k-1}{k+1}\right]^{\frac{1}{k-1}}} \tag{1-13}$$

激波强度 β 表示为

$$\beta=\frac{p_2}{p_1}-1 \tag{1-14}$$

式中　p_1、p_2——激波前和激波后工作流体的气流压强。

可以看到，激波的强度越高，波后、波前的压强比就越大。

1.3.3.3　喷管出口正激波

当 $(p_e/p^*)_2<(1/E)<(p_e/p^*)_3$ 时，喷管出口出现斜激波。

正激波后 Ma_2 的计算公式为

$$(Ma_2)^2=\frac{(Ma_1)^2+\frac{2}{k-1}}{\frac{2k}{k-1}(Ma_1)^2-1} \tag{1-15}$$

正激波前后气流总压比的计算公式为

$$\frac{p_2^*}{p_1^*}=\left\{\left[\frac{k-1}{k+1}+\frac{2}{(k+1)(Ma_1)^2}\right]^k\left[\frac{2k}{k+1}(Ma_1)^2-\frac{k-1}{k+1}\right]\right\}^{-\frac{1}{k-1}} \tag{1-16}$$

由此可求得正激波强度，即激波造成的总压损失为

$$\beta=1-\frac{p_2^*}{p_1^*} \tag{1-17}$$

1.4　引射器性能指标

引射器的性能主要由三个关键指标决定：引射系数（ε）、临界背压和升压比（pressure recovery ratio，PRR）。这三个指标是引射器设计与优化的重要参数。

引射系数是引射流体的质量流量与工作流体的质量流量之比，表达式为

$$\varepsilon=\frac{G_s}{G_p} \tag{1-18}$$

式中 G_p——工作流体的质量流量，kg/s；

G_s——引射流体的质量流量，kg/s。

临界背压是指引射器在一定工作条件下能够稳定运行的最大出口背压。当出口背压小于或等于临界背压时，引射系数不受背压变化的影响，引射器处于临界工作状态；当出口背压超过临界背压时，引射器内流体流动状态会发生显著变化，引射系数随背压增加而降低，引射器进入亚临界状态。当出口背压继续提高时，引射系数下降至零，引射流体倒流，引射器处于回流工作状态。引射器的引射系数与背压变化的关系如图 1-6 所示。引射器设计需在保证引射能力的基础上尽量提高临界背压，以增强其对不同工况的适应性。本书将临界背压与引射流体压力之比定义为升压比。

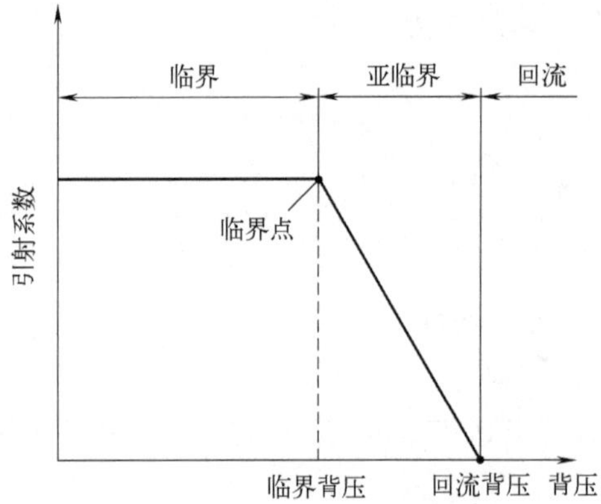

图 1-6　引射器的引射系数与背压变化的关系

1.5 可调蒸汽引射器

可调蒸汽引射器是一种结构更为灵活、适应性更强的引射装置，其核心特点在于能够通过调节某些关键结构或运行参数，实现对引射性能的动态优化，以适应不同工况条件下的蒸汽输送、增压或回收需求。与固定结构的引射器相比，可调引射器在部分负荷、变工况运行中表现出更高的效率和稳定性。

固定结构的引射器，其几何参数不可变，仅在设计工况附近才能达到最佳性能。当其运行参数（如工作流体压力、引射流体压力或背压）发生变化时，其内部流场特性随之变化，可能导致激波位置移动、流动分离甚至倒流，造成引射效率大幅下降，从而影响整个系统的运行效率。为解决该问题，可调引射器应运而生。其核心设计思想是在关键部位引入可动部件，通过实时调节使引射器内部流场始终维持或接近最佳状态，从而克服固定结构引射器在偏离设计工况时效率明显下降的不足，显著提高引射器在变工况条件下的适应性和运行稳定性。

1.5.1 基本结构与调节原理

可调蒸汽引射器通常通过以下几种方式实现其“可调性”。

① 喷管面积可调（调节锥机构）：这是最主流的机械调节方式，如在引射器喷管内增设一个可轴向移动的调节锥（或称针阀）。通过驱动调节锥在喷管内的轴向位置，可以连续地改变喷管喉部的实际流通面积。减小喉部面积可提高工作蒸汽的喷射速度，但降低质量流量；增大面积则效果相反。通过这种机制，可以精确控制工作蒸汽的质量流量和喷射动力，从而在不同的进口压力和被引射流体需求下，将引射系数或升压能力调节并维持在较高水平。可调引射器结构示意如图 1-7 所示。

② 混合室结构可调：部分设计允许混合室长度或直径在一定范围内调整，以优化激波位置和混合效果，提高能量传递效率。例如，通过一个可移动的芯体来改变混合室的有效长度。

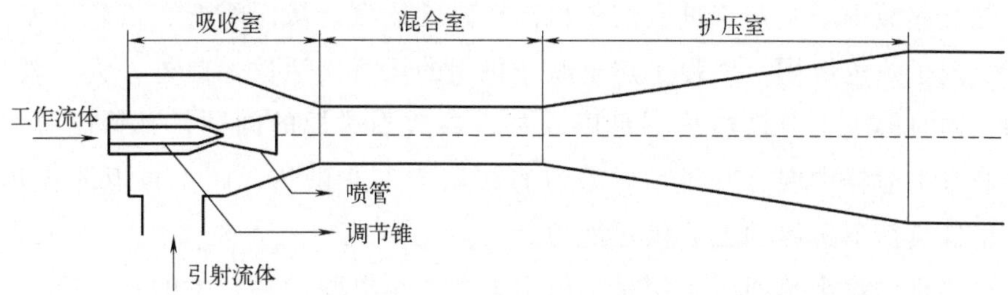

图 1-7　可调引射器结构示意

1.5.2 设计与控制挑战

尽管可调引射器具有诸多优点，但其设计与控制也面临一些挑战。

① 结构复杂性增加，运动部件的引入使得制造成本和维护要求高于固定

引射器。

② 调节机构的密封与耐久性要求极高，需在高温高压蒸汽环境下长期可靠工作。

③ 需配套传感器与控制系统，实现实时监测与反馈调节，增加了系统的复杂性和成本。

④ 动态特性建模与仿真难度大，多工况设计点优化较为复杂。

目前，可调蒸汽引射器已在部分高端工业系统中得到应用，尤其是在能源效率要求较高的场合。随着智能控制技术、新材料（如耐高温、耐磨损材料）与精密加工技术的发展，可调引射器的可靠性、经济性与控制精度正在不断提升。未来，其有望与数字孪生、预测性控制等智能技术深度融合，在碳中和背景下成为工业节能与新能源系统柔性调节的重要技术手段之一。

1.6 引射器在热电联产系统中的应用

蒸汽引射器的应用已成为实现热电联产机组热电解耦和余热利用的研究热点。通过优化能量分配与运行模式，蒸汽引射器有效提升了热电联产机组的调峰能力和运行经济性。李先庭等[3] 设计了一种高压引射式热电解耦供热系统，如图 1-8 所示。锅炉出口的部分主蒸汽经旁路作为高温高压工作蒸汽进入蒸汽引射器，引射部分高压缸排汽，两股蒸汽在引射器内充分混合升压后流入再热器。该过程减少了主蒸汽进入汽轮机高压缸的比例，从而降低了汽轮机发电功率，实现了热电解耦，增强了热电联产机组的运行灵活性。此外，为实现热电解耦，同时解决工业供热量不足以及蒸汽参数不达标的问题，孙博昭等[4] 将高旁蒸汽引射器中混合升压后的蒸汽直接用于工业供热，而不再返回再热器，提升了低负荷下机组的工业供热能力。

汽轮机乏汽余热回收利用是蒸汽引射器在热电联产系统中的另一个重要应用方向。通过将乏汽作为蒸汽引射器的被引蒸汽，经蒸汽引射器升温升压后，可用于供热或工业用汽，从而有效减少火电厂冷源热损失，提高乏汽利用效率。杨志平等[5] 以某 2×300MW 高背压供热系统为研究对象，构建了耦合蒸汽引射器的热电联产系统。数值模拟结果表明，在设计工况下，该系统乏汽利用率提升约 20%。Zhang 等[1] 采用 EBSILON 软件模拟了结合蒸汽引射器的新型供热系统。研究结果表明，在设计工况下，新系统的乏汽利用率提高了

8.66%，供热能力增加了 31.8MW，标准煤耗率下降了 6.77g/(kW·h)；非设计工况下，新系统的乏汽利用率比传统系统高出 5%～20%，具有更优良的经济性。总体而言，耦合蒸汽引射器的热电联产系统为煤电热电联产机组清洁供热及能源优化提供了一种高效、可行的解决方案。

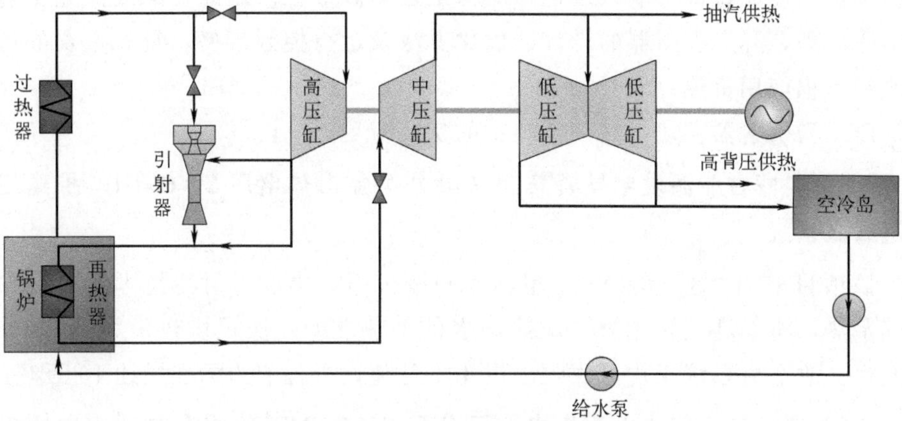

图 1-8　高压引射式热电解耦供热系统[3]

为进一步提升热电联产机组的深度调峰能力，同时提高乏汽利用率，部分学者提出了集成多级蒸汽引射器的热电联产系统。刘荣堂等[6] 和张钧泰等[7] 分别以某 330MW 和 350MW 供热机组为参考，在热电联产系统中集成了两级蒸汽引射器，即高旁蒸汽引射器和低压蒸汽引射器，低压蒸汽引射器回收冷源热损失用于供热。研究结果表明该系统具有较高的经济性和深度调峰能力，见图 1-9。Liu 等[2] 提出了三种集成蒸汽引射器（单级、串联、并联）的热电联

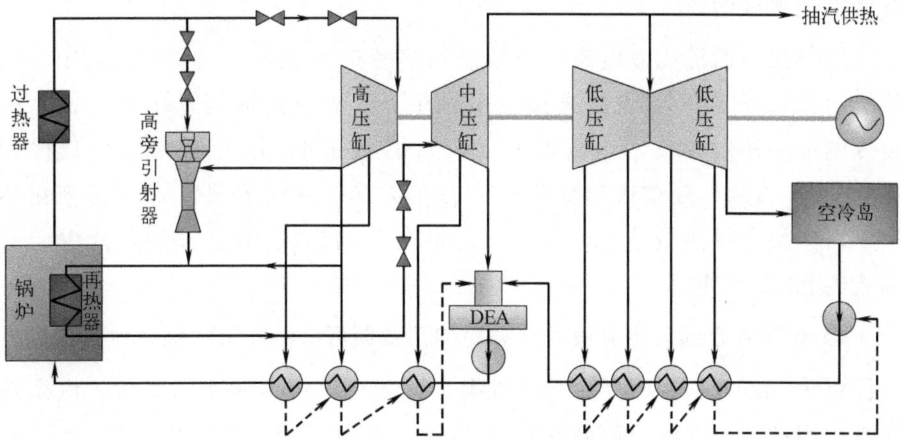

图 1-9　蒸汽引射器的热电解耦系统[7]

产系统，并比较了它们的热电解耦性能和能耗特性。研究结果表明，三种系统均能实现热电解耦，其中，串联两级蒸汽引射器的系统具有最大的调峰能力，并联两级蒸汽引射器的系统则具有最佳的能量效率和㶲效率。

综上所述，蒸汽引射器作为热电联产系统中实现热电解耦与余热利用的核心部件，其性能直接影响系统运行的稳定性与高效性。因此，深度探究引射器的工作原理，开发引射器的设计、优化方法及运行控制策略，具有重要的理论价值和工程应用价值。

以下为引射器在热电联产系统中的实际应用。

（1）内蒙古能源发电投资集团有限公司金山热电厂 2×660MW 扩建工程乏汽回收系统

该项目采用 2×660MW 超超临界间冷机组，集成引射器技术回收汽轮机乏汽余热，将其高效转化为一次热网水的加热能源，实现供热面积达 3000 万平方米。改造后系统年均可回收乏汽 431 万吨，折合节约标准煤约 16 万吨。

（2）晋控电力同华山西发电有限公司 2×660MW 机组余热利用向原平市长输供热项目首站及配套运营工程

该项目创新应用高背压机组、引射器、小汽轮机及热网加热器构建四级梯级余热回收系统，通过多级协同加热热网循环水，实现最大供暖面积 2000 万平方米，设计运营周期 20 年。改造后，全厂供电煤耗显著降低至 33.2g/(kW·h)，供热煤耗优化至 15.3kg/GJ，年节约标煤 22.8 万吨，折合减少二氧化碳排放约 60 万吨。

（3）京能集团山西漳山热电厂 2×600MW 机组增汽机乏汽余热利用及供热灵活性技术改造

京能集团山西漳山发电有限责任公司总装机容量为 1800MW，其中二期工程装机为 2×600MW 亚临界直接空冷机组。该项目集成高背压凝汽器、引射器及热网加热器供热技术，实现乏汽余热供热率 64.5%。改造后供热面积达到 3050 万平方米，新增供热面积 850 万平方米，在全容量整合与精细化热网调度下，年额外供热量达 287×10^{12}J，折合节约标煤 10.8 万吨，减少二氧化碳排放约 28.5 万吨。

（4）内蒙古京隆发电有限责任公司向工业园区 2×600MW 机组供汽改造项目

针对 600MW 亚临界直接空冷机组，该项目应用引射器驱动的乏汽余热能量梯级利用技术，在既有高背压改造基础上深度升级，规划供热面积 3000 万平方米。系统配置上，单台机组设置 2 台再热冷段蒸汽减温减压器（单台容量

45t/h)，采用“一运一备”冗余模式，双机组联合运行时灵活切换，最大供汽能力达 90t/h，满足不同负荷工况需求。改造后年供汽量提升至 76.176 万吨，折合节约标煤 2.52 万吨，减少二氧化碳排放约 6.6 万吨。图 1-10 给出了京隆发电有限责任公司的引射器现场。

图 1-10 京隆发电有限责任公司的引射器现场

（5）国家电投集团赤峰新城热电工程 2×300MW 机组空冷乏汽回收改造项目

针对 2×300MW 亚临界直接空冷机组，该项目在既有高背压改造基础上，集成引射器驱动的乏汽余热梯级利用技术，规划供热规模突破 3000 万平方米。改造后年新增乏汽回收量 39.1 万吨，折合节约标煤 2.31 万吨，减少二氧化碳排放约 6 万吨。图 1-11 给出了国家电投集团引射器现场。

图 1-11 国家电投集团引射器现场

（6）内蒙古能源发电投资集团锡林浩特热电公司 2×300MW 机组乏汽余热供热升级改造项目

内蒙古能源发电投资集团锡林浩特分公司依托 2×300MW 亚临界供热机

组，构建高背压凝汽器（2 号机、1 号机）、增汽机凝汽器与热网加热器组成的四级梯级加热系统，规划供暖面积 1609 万平方米。改造后年回收乏汽达 220.9×10^{12}J，折合节约标煤 3.13 万吨，减少二氧化碳排放约 8.2 万吨。图 1-12 给出了内蒙古能源发电投资集团引射器现场。

图 1-12　内蒙古能源发电投资集团引射器现场

1.7　引射器的其他应用

引射器具有诸多优点，具体包括：

① 结构简单，加工方便，使用寿命长；

② 无运动部件，运行稳定，维护需求低；

③ 初期投资和运行成本较低，操作简便；

④ 对被引射介质无严格要求，既适用于气体或液体，也适用于两相流；

⑤ 工作过程噪声低；

⑥ 适用范围广，可实现多种工业过程所需的合理真空度。

凭借上述优点，引射器不仅在热电联产系统中发挥着重要作用，还广泛应用于制冷空调、海水淡化、化工生产以及航空航天等多个领域。具体应用如下。

（1）制冷系统

在制冷系统中，引射器的应用主要分为两类。第一类是通过引射器代替由高品位电能驱动的压缩机，以减少对高品位电能的消耗。常见的喷射式制冷系统主要包含单级喷射式、多级喷射式以及复合喷射式制冷系统；另一类是利用引射器回收膨胀功，以降低节流损失，通常应用于压缩、喷射、吸收等多种复合式制冷系统。图 1-13 给出了喷射式制冷结构示意。

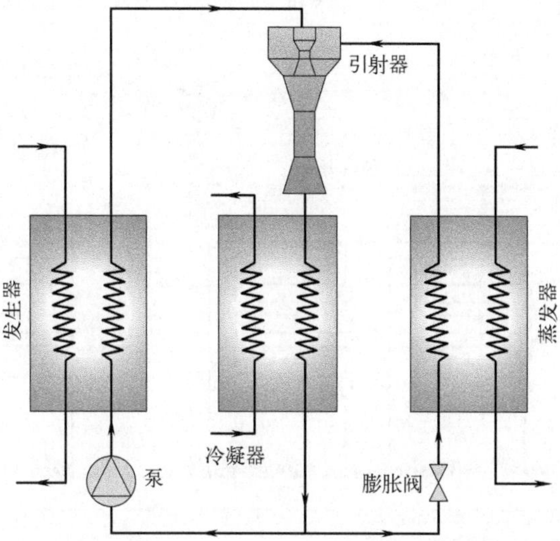

图 1-13　喷射式制冷结构示意

（2）海水淡化领域

海水淡化技术已成为解决我国沿海地区水资源短缺问题的重要技术路径。多效蒸馏-热力蒸汽压缩海水淡化系统属于热法海水淡化技术，其核心原理是通过海水的蒸发与冷凝过程实现脱盐。蒸汽引射器是多效蒸馏-热力蒸汽压缩系统中的关键部件。在多效蒸馏过程中，蒸汽引射器将末效产生的部分水蒸气引射至首效蒸发器，不仅实现了末效水蒸气潜热的回收与再利用，还增加了首效蒸发器的蒸汽供应量，从而显著提高了系统整体的能源利用效率。此外，在海水淡化系统中，还通常采用一系列小型引射器来维持系统内部所需的真空度。图 1-14 给出了热压缩-低温多效蒸馏海水淡化系统结构示意。

（3）天然气开采

由于天然气气藏类型各异，其开采条件也存在显著差异，尤其在压力条件方面。结合引射器的工作原理，可将其应用于天然气的开采与回收过程中，尤其适用于低压气井的增产开发。在天然气气井的生命周期中，随着生产时间的延长，井口产量和压力通常会逐渐下降，部分气井甚至因压力过低而面临废弃。当气井压力低于输气管网或采气系统的最低运行压力时，维持低压井生产的常规做法是使用天然气压缩机进行增压。然而，传统压缩机通常依赖高品位能源驱动，体积庞大，设备成本高，操作与维护复杂，运行费用较高。引射器利用高压天然气作为驱动力，将低压井口天然气引射并提升其压力，从而实现低压气井的有效开采与产量提升，具备良好的工程适应性和经济性。

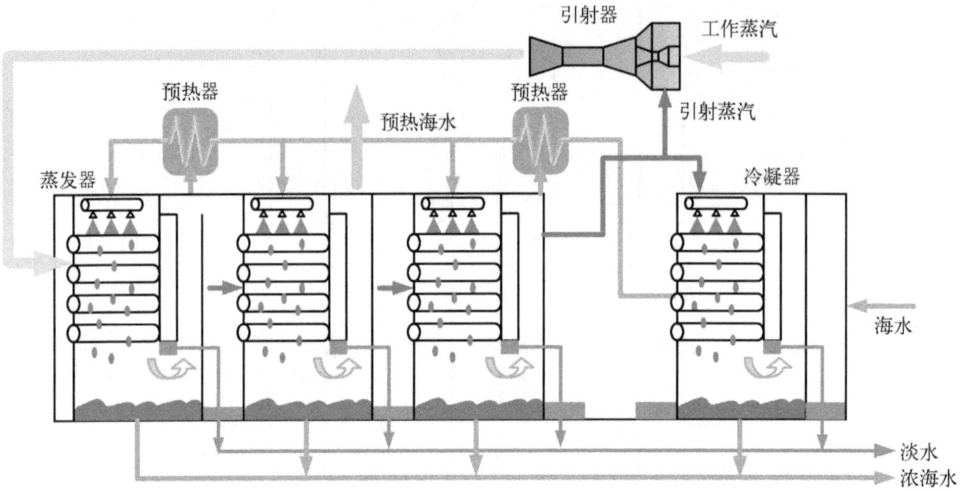

图 1-14　热压缩-低温多效蒸馏海水淡化系统结构示意

（4）燃料电池领域

燃料电池被广泛认为是一项具有广阔发展前景的清洁能源技术，已在大规模发电、交通运输等多个领域得到实际应用。在燃料电池的运行过程中，为保障系统的稳定输出，通常采用过量供氢的方式以维持反应效率。然而，这种方式容易造成未反应氢气的大量排放，导致燃料浪费。因此，实现未利用氢气的回收与循环利用已成为当前氢燃料电池系统优化的关键瓶颈之一。引射器主要应用于固体氧化物燃料电池系统和质子交换膜燃料电池系统。在固体氧化物燃料电池系统中，由于其工作温度较高，排气中有大量潜在可利用的热能。因此，系统中通常会设置阳极循环回路，以达到增压、热量回收以及防止碳元素沉积的目的。在阳极气体循环回路中，循环功能既可以通过鼓风机完成，也可以通过引射器实现。相比鼓风机，引射器结构简单，无运动部件，维护成本更低，因此通常用于阳极气体循环回路中，以完成气体循环、增压和混合等功能[8]。图 1-15 给出了阳极气体喷射再循环示意。

（5）在废气余热供暖装置方面

① 可用于提高生产设备排放废气的压力。

② 废气余热供暖装置中，水喷射混水器能够将余热蒸汽和冷水进行混合，

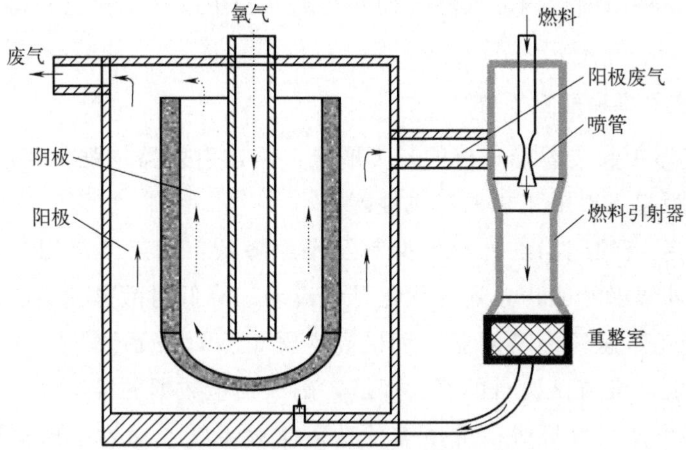

图 1-15　阳极气体喷射再循环示意

确保进入用户端的水温稳定。该混水器利用气流的喷射作用，能够高效地调节水流温度和流量，满足不同的采暖需求。

③ 废气余热供暖装置往往会产生凝结水，这些凝结水需要有效回收并排出。通过引射器技术，可以将凝结水抽取并返回热回收系统。此外，地下热管线在运行过程中可能积水，引射器也可以用于向地沟输送保温材料，以帮助修复地下热管线和减少热能损失。

（6）在通风装置方面

引射器可以用于在通风系统中形成不间断的空气流动。通过喷射空气，引射器能够提高气流速度，确保通风管道内的空气循环顺畅，从而提升通风效率。这种设计特别适用于需要持续气流的环境，如数据中心、实验室和工业车间。

（7）在气力输送方面

引射器可用于气力输送系统，通过气流推动固体物料（如煤粉、沙子等）和液体（如化学品、水等）通过管道输送。气力输送系统利用引射器的喷射原理，有效地克服物料的流动阻力，实现高效、远距离的物料输送。

（8）在自来水领域

引射器技术广泛应用于自来水系统，尤其是在深水井和钻井中，可将水从地下抽取到地面。这种方式不仅高效，还能减少能量损失，并确保稳定的水源供应。

（9）在天然气回收领域

储油罐中产生的天然气可以通过引射器进行回收。通过利用真空或气流引射技术，可以将储油罐内的天然气抽取并加以利用或安全排放，避免浪费并减少环境污染。

（10）在军事和航空领域

① 垂直短距起飞着陆飞机的起飞增推：通过引射器增强飞机的起飞推力，提高垂直短距起飞着陆飞机的起飞性能。

② 排气系统的尾焰红外辐射抑制及噪声降低：引射器可用于减少飞机排气系统的红外辐射和噪声，通过优化排气流动，降低对敌方侦察的威胁。

③ 火箭超声速环形喷射器发动机高空试车台真空系统：在高空试车过程中，利用引射器维持试验台的真空环境，确保实验数据的准确性。

④ 高超声速吸气推进研究所需的地面实验系统：通过引射器模拟高超声速气流，进行地面实验，推动高超声速技术的发展。

⑤ 气动激光器和化学激光器的压力恢复系统：引射器可用于激光系统中的压力恢复，提高系统稳定性和效率。

⑥ 在飞机燃油系统中，利用喷射器实现油箱间的燃油传输，无须机械泵。

热电联产领域的引射器的特点及与其他领域引射器的比较如下所示。

（1）结构特点

相比于其他领域的引射器，热电联产领域的引射器尺寸更大，这是因为工作流体和引射流体的流量较大，并具备较宽的调节范围，以适应复杂的运行工况。

（2）工质特性

在热电联产系统中，引射器的工作流体主要为锅炉产生的高温高压过热蒸汽。以某 350MW 热电联产机组为例，其设计工况下锅炉产生的过热蒸汽压力为 24.2MPa，温度为 556℃。相较于其他领域，热电联产中的引射器内的工质具有更高的温度、压力和过热度，显著高于制冷领域和海水淡化领域的饱和工质以及燃料电池领域的中温工质。

（3）升压比

热电联产引射器的升压比一般介于燃料电池系统领域引射器和制冷系统领域引射器之间，通常为 1.6～1.7。热电联产系统对引射流的升压要求更高，但较制冷领域的高增压比（可达 3.0）有所降低。

（4）引射系数

热电联产系统中，引射系数根据负荷需求不同，通常为 1～1.5。相比制冷引射器（引射系数通常小于 1），热电联产领域的引射器需要更大的引射量以满足系统的乏汽回收和热电解耦需求，而燃料电池领域的引射器引射系数通常更高（5～7），以保证阳极气体循环。

1.8 国内外研究现状

引射器的研究主要采用理论分析、数值模拟和实验研究三种方法。

1.8.1 理论分析

1.8.1.1 基本原理

理论分析主要根据守恒定律（质量守恒、动量守恒、能量守恒）和热力学过程假设来构建数学模型，以描述引射器内部流体的流动特性，推导引射器的工作机理和性能参数。其核心在于求解引射器内部的流速、压力、温度分布，并计算其关键性能指标，如引射系数、升压比、混合压力等。

（1）质量守恒方程

引射器内的流体质量在各个流动截面上保持守恒，可表示为

$$G_s + G_p = G_m \tag{1-19}$$

式中 G_p——工作流体质量流量，kg/s；

G_s——引射流体质量流量，kg/s；

G_m——混合流体质量流量，kg/s。

（2）动量守恒方程

引射器内部的流体动量在混合过程中保持守恒，可表示为

$$G_s v_s + G_p v_p = G_m v_m \tag{1-20}$$

式中 v_p——工作流体速度，m/s；

v_s——引射流体速度，m/s；

v_m——混合流体速度，m/s。

（3）能量守恒方程

混合室内的流体在进行能量交换后，总能量保持守恒，可表示为

$$h_s+\frac{v_s^2}{2}=h_p+\frac{v_p^2}{2} \tag{1-21}$$

式中　h_p——工作流体比焓，kJ/kg；

　　　h_s——引射流体比焓，kJ/kg。

1.8.1.2　理论模型研究现状

引射器的理论计算模型为其性能评估及关键尺寸设计提供了理论基础。鉴于引射器内部流动的复杂性，大多数理论计算模型都是在一定假设条件下建立的，且目前仍处于探索复杂流动机理的研究阶段。

Keenan 等[9] 在理想气体动力学理论基础上，建立了包含质量守恒、动量守恒和能量守恒方程的一维空气引射器设计计算模型。随后，研究团队提出了两种经典的混合假设，即等面积混合假设与等压混合假设。其中，等面积混合假设认为工作流体与引射流体在具有相同截面积的截面上发生混合；而等压混合假设则认为两股流体在混合过程中压力保持恒定。该模型自提出以来，已成为引射器理论设计与性能预测的重要基础之一。Keenan 等同时指出，在某些特定工况下，采用不同于等面积混合或等压混合的假设条件可能获得更优的设计结果，但这类方法的计算过程较为复杂，限制了其在工程应用中的适用性。

1977 年，Mandy 和 Bagster[10] 在 Keenan 等理论模型的基础上进一步发展，提出了混合起始的条件，即引射流体在吸收室中与喷管出口处的工作流体在初始阶段并不立即混合，只有当引射流体被加速至声速后，才开始进入混合阶段，并假设该混合过程在等压条件下进行，即混合过程中两股流体保持恒定压力。

然而，Keenan 和 Mandy 等提出的引射器模型并未考虑因流动阻力所引起的不可逆损失，从而限制了模型对实际工况的适用性。1995 年，Eames 等[11] 在 Keenan 等建立的等压混合模型基础上进行了改进，首次系统地考虑了喷管、混合室和扩压室中的不可逆损失。通过大量实验研究，Eames 等提出了等熵效率系数的概念，并将各部件效率参数引入一维理论模型中，从而建立了更符合工程实际的引射器性能预测模型。

1999 年，Huang 等[12] 在前人研究的基础上，进一步结合引射器的工作机理，对其理论模型进行了改进。模型假设引射流体在与工作流体混合前已加速至声速，两股流体在等面积截面处开始等压混合。Huang 等同样将等熵效率系数引入模型，并选用 R141b 作为工质，在多种工况下对 11 种不同几何结构的引射器进行了系统实验研究，归纳总结了不同实验条件下的等熵效率变化规律。然而，该效率参数具有一定的经验性和局限性，在面对不同设计工况、工质类型或结构参数时，所获得的等熵效率通用性较差，可能导致较大的计算误差。此外，Huang 等还研究了引射器性能随工作流体压力、引射流体压力及混合流体压力变化的规律，提出了引射器的三种典型工作模式：临界工作模式（双壅塞模式）、亚临界工作模式（单壅塞模式）以及回流工作模式，为后续研究奠定了理论基础。Liu 等[13] 对 Huang 等的模型进行了简化与优化，提出了基于模型参数辨识法的建模思路。该方法通过对一维理论公式的简化处理，可分别计算引射器的两个核心性能参数——引射系数与临界背压，从而提升了模型在工程设计阶段的实用性与计算效率。

Zhu 等[14] 提出，在传统一维模型中忽略流场径向分布的不均匀性，是导致引射器理论模型计算精度较低的关键原因之一。Zhu 等提出了一种引入“临界圆”概念的新模型。“临界圆”的定义为引射器混合区入口处工作流体与引射流体的混合薄层，并且混合薄层上的速度为声速。与 Huang 等提出的模型相比，Zhu 等所建立的模型在引射器临界状态下引射系数的计算精度方面具有显著优势，尤其在考虑径向速度分布非均匀性方面表现更为合理。然而，该模型未对混合层的演化过程及混合后再压缩等关键物理机制进行描述，因而其适用性主要局限于临界工作条件下的引射系数预测。

尽管上述研究已能够较为有效地预测引射器在临界工况（双壅塞模式）下的性能，但针对亚临界工况（单壅塞模式）的理论研究仍显不足。为弥补这一空白，Chen 等[15] 于 2017 年提出了一种适用于超声速引射器全工况范围的热力学模型。针对亚临界工况，Chen 等提出以下假设：在引射器壁面与主流核心区之间，仍存在一部分有效流通截面，可使引射流体加速至其最大速度，但尚未达到声速，此时仅工作流体发生壅塞，引射流体仍处于亚声速状态。基于该假设，Chen 等指出，在亚临界工况下，引射器混合室的效率与混合压力之间呈负相关关系，即混合压力越高，混合效率越低。为此，他们提出了混合效率与混合压力的经验关联式，用以修正传统模型在亚临界状态下的预测误差，从而提升模型在全工况范围内的适用性和精度。

引射器的设计计算通常基于理想气体假设，但理想气体假设不能准确反映实际气体在引射器中的工作过程。为了解决这个问题，许多研究学者提出了基于真实流体特性的引射器设计和性能预测模型，通过在模型中引入真实气体状态方程和实际气体声速计算模型，以提高模型预测精度[15~25]。

工作流体和引射流体的混合过程的准确描述对于提高模型精度具有重要影响。Kumar 等[26] 在模型中引入了普朗特混合长度理论、普朗特-迈耶膨胀波、开尔文-亥姆霍兹不稳定性以及斜压效应等流体力学概念，能够计算给定工况条件下的各部件直径、混合室长度及喷管出口位置等关键尺寸。Kumar 等指出两种流体混合时，在相同方向上运动但速度不同，会产生流动不稳定性，称为开尔文-亥姆霍兹不稳定性，因此在计算混合室直径时，需要考虑容纳这些涡旋所需的面积。图 1-16 给出了引射器内涡形成的示意图。

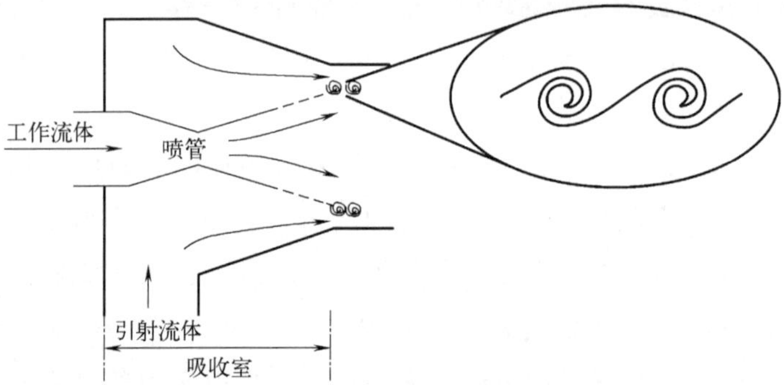

图 1-16　引射器内涡的形成示意[26]

1.8.2　数值模拟

（1）基本原理

数值模拟主要基于计算流体力学（computational fluid dynamics，CFD）方法，通过求解 Navier-Stokes 方程、湍流模型、能量方程等，来研究引射器内部的流场分布。

（2） CFD 计算流程

① 几何建模：建立引射器的二维或三维几何模型，确定喷管、混合室、扩压室等结构。

② 网格划分：采用结构化或非结构化网格，保证计算精度，同时提高计算效率。

③ 物理模型选择：包括湍流模型、湿蒸汽模型以及多相流模型等。

④ 边界条件设置：定义入口和出口压力、温度、流速，设定壁面边界条件。

⑤ 求解与后处理：利用 CFD 软件（如 ANSYS Fluent、OpenFOAM）进

行求解，并对模拟结果进行分析，如速度分布、压力分布、温度变化等。

（3） CFD数值模拟研究进展

CFD数值模拟作为研究引射器内部流动特性的有效手段，能够准确捕捉激波、边界层效应、相变过程等多种复杂流动现象，为引射器的优化设计提供了重要依据。然而，CFD数值模拟存在计算复杂度高、资源消耗大等局限性，特别是在网格划分和湍流模型选择方面需要特别注意。早期研究受限于当时的计算能力，多采用较粗的网格，虽然计算时间可控，但精度提升有限。

20世纪90年代至21世纪初，随着计算流体力学技术的兴起，引射器数值模拟研究取得了突破性进展。部分研究学者[27~29] 率先将CFD技术应用于引射器研究，通过数值模拟首次实现了引射器内部复杂流动结构的可视化分析，为后续引射器的优化设计奠定了重要基础。但引射器的研究受限于当时计算机技术的发展，计算能力及计算速度有限，致使引射器网格划分不够细，且结果尚缺乏相关实验验证。

随着计算机技术的快速发展，计算能力和运算效率得到显著提升，这为开展更符合实际工况的数值模拟研究创造了有利条件。基于CFD技术的数值模拟方法已成为分析引射器运行参数、优化几何结构尺寸以及研究局部流动特征的有效手段。要实现高精度的数值模拟结果，需要重点考虑以下关键影响因素：首先是网格质量的优化，包括网格类型选择、密度分布及边界层处理等；其次是计算模型的合理选取，特别是湍流模型的适用性评估；最后还需对求解算法、边界条件设置以及收敛准则等进行系统优化。上述因素的综合分析直接影响数值模拟结果的可靠性和准确性。

引射器流场中同时存在边界层发展、激波相互作用以及多股流体混合等复杂的物理过程，其流动特征的准确解析直接决定数值计算结果的可靠性。为此，需对激波作用区、混合界面及近壁区域实施局部网格加密。然而，网格细化在提高计算精度的同时，将导致计算网格数量呈多项式级增长，显著增加计算资源消耗。典型算例表明，当网格总量增加3倍时，内存需求与计算耗时将分别增长约5倍和8倍。这种非线性增长的资源需求使得常规计算平台难以承担高精度模拟任务。因此，开展网格无关性验证至关重要，通过系统比较不同网格数量下的计算结果，可确定满足精度要求的最少网格数量，在保证计算精度的同时实现计算效率最优化。

在CFD数值模拟中，湍流模型的合理选择对模拟结果的准确性具有决定性影响。目前研究中常用的湍流模型主要包括六种类型：Standard k-ε 模型、RNG k-ε 模型、Realizable k-ε 模型、Standard k-ω 模型、SST k-ω 模型，以及雷诺应力模型（RSM）。其中，k-ε 和 k-ω 类模型通过求解湍动能（k）和耗散率（ε 或 ω）两个输运方程，并基于 Boussinesq 近似假设计算湍流黏度（μ_t），这类模型具有计算效率高、收敛性好等优势，特别适合于模拟引射器中的射流发展、混合层演化等典型流动特征，因此在引射器性能数值分析中得到广泛应用。RSM 是一种较为复杂的模型，主要用于分析漩涡占主导作用的流场，此类计算需要更多的控制方程及计算能力更强大的计算设备。RSM 通常不适用于二维轴对称引射器模型。

在湍流数值模拟研究领域，k-ε 和 k-ω 类模型作为最常用的计算模型，具有以下显著优势：

① 能够准确预测不同运行参数、结构尺寸及工质条件对引射器引射系数的影响规律；

② 可详细解析流场内部压力、速度和密度等关键参数的分布特征；

③ 有效捕捉激波结构、壅塞现象以及边界层发展等典型流动特征。

然而，需要特别指出的是，当对比不同湍流模型的计算结果时，在局部流动特征预测（如激波位置、分离区范围等）和整体性能评估（如临界背压、引射效率等）方面往往存在显著差异，甚至可能出现相互矛盾的预测结果。这些差异主要源于各模型对湍流输运过程的不同处理方式，包括湍流黏性假设（各向同性/各向异性）、近壁面处理方式以及耗散率输运方程形式等关键理论假设的差异。因此，在实际工程应用中，需要根据具体的流动特性和计算目标，选择合适的湍流模型，并通过实验数据对模拟结果进行验证。

在 CFD 数值模拟中，数值求解器的选择对计算结果的可靠性具有重要影响。CFD 求解器可分为密度基和压力基两大类：密度基求解器适用于计算含激波的超声速流动，而压力基求解器则主要用于低速不可压缩流动的模拟。然而，近期部分研究表明，通过采用全隐式速度-压力耦合算法，压力基求解器在高速流动模拟中展现出优异的性能。ANSYS Fluent 中改进的压力基求解器通过同步求解动量方程和压力基连续性方程，不仅能够准确模拟高速流动问题，其计算稳定性还优于传统的密度基求解器。这种技术进步为 CFD 模拟提供了新的解决方案，特别是在需要兼顾计算精度和稳定性的复杂流动模拟中。表 1-2 给出了关于 CFD 引射器数值模拟的总结。

表 1-2 关于 CFD 引射器数值模拟的总结

文献来源	工作介质	湍流模型				模型维数		网格数量
		k-ε	k-ω	RSM	具体内容	三维	二维	
Marynowski 等[30]	空气	√			标准壁面函数/湍流强度 5%		√	50000 个
Hemidi 等[31]	空气	√	√		SST k-ω		√	25820 个
Hemidi 等[32]	空气	√	√		SST k-ω		√	25820 个
Sriveerakul 等[33]	水蒸气	√			k-ε Realizable		√	43000 个
Varga 等[34]	水蒸气	√			k-ε Realizable		√	60000 个
Bartosiewicz 等[35]	R142b	√	√		Standard k-ε,RNG k-ε		√	
Smolka 等[36]	R141b、474	√	√		RNG k-ε	√		140000 个
Croquer 等[37]	空气		√		SST k-ω		√	67000 个
Zhu 等[38]	氮气	√	√		Standard k-ε,Realizable k-ε,RNG k-ε,SST k-ω	√		62000 个
Kim 等[39]	空气-水混合物						√	22000 个
Ariafar 等[40,41]	水蒸气		√		SST k-ω		√	42900 个
Wang 等[42]	湿蒸气	√			Realizable k-ε			55025 个
Valle 等[43]		√	√		Standard k-ε,Realizable k-ε,RNG k-ε,SST k-ω		√	45000 个
Bodys 等[44]	CO_2	√			Realizable k-ε	√		
Mazzelli 等[45]	空气	√	√	√	Standard k-ε,Realizable k-ε,SST k-ω	√	√	二维:75000 个;三维:750000 个
Besagni 等[46]	水蒸气	√	√	√	Standard k-ε,Realizable k-ε,RNG k-ε,SST k-ω,RSM		√	70000 个
Tao 等[47]	水蒸气	√					√	34000 个
Śmierciew 等[48]	R1234ze(E)		√		SST k-ω	√		3.5×10^6 个
Mohamed 等[49]	戊烷	√			RNG k-ε		√	76000 个

续表

文献来源	工作介质	湍流模型				模型维数		网格数量
		k-ε	k-ω	RSM	具体内容	三维	二维	
Wang 等[50]	水蒸气	√			Realizable k-ε		√	46000 个
Singer 等[51]	氢气			√	RSM		√	330000 个
Saeid 等[52]	氨	√			Realizable k-ε		√	113825 个
Alanwar 等[53]	水蒸气		√		SST k-ω		√	79420 个

1.8.3 实验研究

（1）基本原理

实验研究通过建立引射器物理模型，在实验台架上进行测试，测量其性能参数，如引射系数、压力分布、温度场、质量流量等，以验证理论分析和数值模拟的准确性。

（2）实验研究方法

① 原型实验：直接制造实际尺寸的引射器，测试其在不同工况下的性能。

② 模型实验：制造缩小比例的引射器，以降低成本和实验难度，测试数据可通过相似理论进行放大。

（3）实验研究进展

引射器内部存在复杂的流动现象，如斜激波与膨胀波的转化、高速流体与低速流体间的剪切、边界层的分离及分离涡的形成等，这给揭示引射器的工作机理带来较大困难。可视化实验研究是获得引射器流场结构的重要方法之一，作为流体动力学研究中的重要工具，它能够通过解析复杂流动域内的瞬态结构及演化规律，从而深化对流动现象的认识与理解。其技术优势体现在两方面：一方面能够捕捉流动细节信息；另一方面可基于流动的局部特征为 CFD 数值模拟提供实验验证。表 1-3 给出了可视化实验研究总结。

表 1-3　可视化实验研究总结

文献来源	研究方法	研究对象	研究工质
Matsuo 等[54]	纹影法	无引射流体喷射器	空气

续表

文献来源	研究方法	研究对象	研究工质
Dvorak 等[55]	纹影法	引射器	空气
Bouhanguel 等[56]	激光断层扫描	圆柱形混合室引射器	CO_2
Zhu 等[38,57]	纹影法	矩形混合室引射器	氮气
Rao 等[58]	纹影、激光散射	二维引射器	空气
Little 等[59]	阴影成像法	矩形混合室引射器	R134a
Little 等[60]	阴影成像法	矩形混合室引射器	空气
Zhu 等[61]	直接摄影法	方形混合室引射器	CO_2
Chen 等[62]	纹影法	矩形混合室引射器	氮气
Karthick 等[63]	纹影法	矩形混合室引射器	空气
Li 等[64]	直接摄影法	矩形混合室引射器	CO_2
Lamberts 等[65]	纹影法	引射器	空气

在实际研究中，理论分析、数值模拟和实验研究通常结合使用，以相互验证、优化设计。一般先通过理论分析建立基本数学模型，初步确定引射器的关键设计参数。然后利用数值模拟对不同参数组合进行优化分析，预测其内部流动特性，并改进理论模型。最后，通过实验研究验证模拟结果的准确性，并在实际运行工况下测试其性能。这种综合研究方法不仅能够提高研究的精度，还能降低设计成本，并优化引射器的性能。

综上所述，引射器的研究方法包括理论分析、数值模拟和实验研究。理论分析建立数学模型，揭示基本机理；数值模拟能分析复杂流动，提高设计精度；实验研究提供了真实数据，验证理论和模拟结果。三者相互结合，能够全面研究引射器的性能和优化设计，使其适应不同工况的需求。

1.9 本章小结

本章系统阐述了引射器的基本原理、结构组成、性能指标及其分类方法，并结合热电联产系统的实际应用背景，深入分析了蒸汽引射器在电力行业中实现热电解耦与余热利用的关键作用。通过对引射器内部壅塞与激波现象的分析，明确了影响其性能稳定性的关键因素。进一步，依据工作介质的相态、压缩性、流动状态及系统功能需求，对引射器进行了系统分类，为工程选型提供了依据。同时，重点介绍了可调蒸汽引射器的结构设计、调节原理与控制挑战，突出其在变工况适应性方面的优势。最后，通过多个典型工程案例，展示了引射器在热电联产系统中的广泛应用价值与节能潜力。

总体来看，引射器作为一种无运动部件、结构紧凑且运行可靠的混合升压装置，已成为现代能源系统中提升灵活性与效率的重要技术单元。随着“双碳”战略的深入推进和高参数能源装备的发展，系统掌握其设计原理与性能调控方法，将为后续章节关于引射器的数值模拟、优化设计及耦合系统分析奠定坚实的理论基础与实践前提。

第2章 引射器设计方法

本章旨在系统介绍引射器设计的三种主要方法：经典热力学模型、气体动力学模型以及经验与半经验模型。经典热力学模型基于能量守恒原理，描述引射器内部流动的整体热力过程；气体动力学模型则从空气动力学理论出发，分析工作流体与引射流体的速度、压力及温度等参数的变化；经验与半经验模型依托实验数据，构建适用于工程计算的简化公式。理解这些模型的理论基础有助于掌握引射器的工作机理，为结构优化和性能提升提供理论支撑，并为后续的优化设计与仿真分析奠定理论基础。

2.1 经典热力学法

经典热力学方法主要依据热力学的基本定律（如质量守恒、动量守恒、能量守恒等）来进行分析和设计。通过引入简化假设，建立数学模型以描述引射器内流体的流动、混合和升压过程。模型相对直观且计算较为简便，但其采用的简化假设会影响模型的精度，这是这种方法的主要缺点。

图 2-1 给出了蒸汽引射器结构示意。一维理论设计模型建立，使用以下假设。

① 引射器内部流场处于稳定状态。

② 工作流体温度、速度和压力径向分布均匀。除截面 2—2 外，引射流体温度、速度和压力径向分布均匀。在截面 2—2 处，引射流体速度径向分布不均，引射流体压力和温度径向分布均匀。

③ 从截面 2—2 到截面 3—3，工作流体和引射流体在相同压力下完成混合

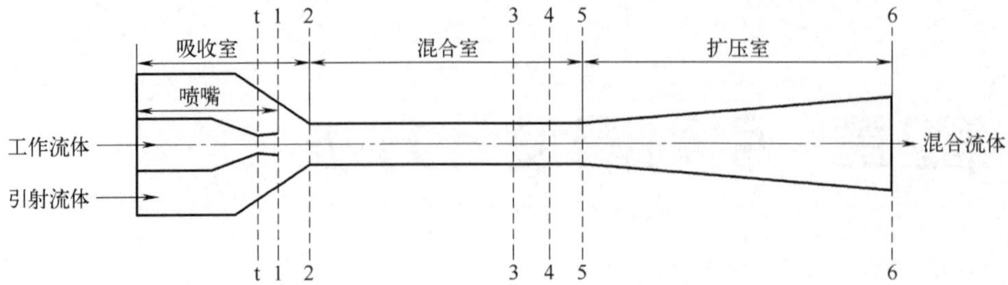

图 2-1　蒸汽引射器结构示意

过程。

④"最终激波"发生在 4—4 截面处。

（1）工作喷管模型

已知喷管入口工作蒸汽温度 T_p 和工作蒸汽压力 p_p，由 NIST 查得工作蒸汽焓值 h_p 和工作蒸汽熵 s_p。

$$s_p, h_p = f(p_p, T_p) \tag{2-1}$$

假设喷管喉部压力为 p_t，并根据喷管入口处工作蒸汽熵 s_p，可知理想等熵膨胀过程中喷管喉部焓值 $h_{t,is}$。

$$h_{t,is} = f(s_p, p_t) \tag{2-2}$$

引入等熵效率 η_n 来考虑蒸汽膨胀过程中的损失，且 η_n 数值由实验数据确定，可知喷管喉部实际焓值 h_t。

$$h_p - h_t = \eta_n (h_p - h_{t,is}) \tag{2-3}$$

对喷管入口和喉部，应用能量守恒方程可得喉部工作蒸汽速度 v_t。

$$v_t = \sqrt{2(h_p - h_t)} \tag{2-4}$$

工作蒸汽在喷管喉部发生壅塞，其速度达到声速，则根据 p_t 和 h_t 可查得工作蒸汽喉部声速 a_t。

$$a_t = f(p_t, h_t) \tag{2-5}$$

循环迭代 p_t，使 $|a_t - v_t| \leqslant \varepsilon$，即可确定 p_t。

根据 h_t 和 p_t 可查得喷管喉部工作蒸汽熵 s_t 和密度 ρ_t：

$$s_t, \rho_t = f(h_t, p_t) \tag{2-6}$$

根据质量守恒定律，进入喷管工作的蒸汽质量流量与喷管喉部处流量相同，即可求得喷管喉部半径 R_t。

$$m_p=\rho_t v_t A_t \tag{2-7}$$

$$A_t=\pi R_t^2 \tag{2-8}$$

工作蒸汽从喉部 t—t 截面到 1—1 截面，引射蒸汽压力为 p_s。有研究表明，喷管出口应为过膨胀状态，则喷管出口 1—1 截面处工作蒸汽压力 p_{p1} 为

$$p_{p1}=\alpha p_s \tag{2-9}$$

系数 α 的取值过小，会降低引射器效率。本模型的经验系数 α 为 0.95。

根据 p_{p1} 和 s_t，可查得理想等熵膨胀过程中喷管 1—1 截面处工作蒸汽理想焓值 $h_{p1,is}$。

$$h_{p1,is}=f(p_{p1},s_t) \tag{2-10}$$

喷管 1—1 截面处工作蒸汽实际焓值 h_{p1} 由式（2-11）确定。

$$h_t-h_{p1}=\eta_n(h_t-h_{p1,is}) \tag{2-11}$$

根据 p_{p1} 和 h_{p1} 可查得喷管 1—1 截面处工作蒸汽熵 s_{p1} 和密度 ρ_{p1}。

$$s_{p1},\rho_{p1}=f(p_{p1},h_{p1}) \tag{2-12}$$

根据能量守恒方程和质量守恒方程，即可求得喷管出口 1—1 截面半径 R_1。

$$v_{p1}=\sqrt{2(h_t-h_{p1})+v_t^2} \tag{2-13}$$

$$G_p=\rho_{p1}v_{p1}A_1 \tag{2-14}$$

$$A_1=\pi R_1^2 \tag{2-15}$$

（2）吸收室模型

已知引射器入口引射蒸汽温度 T_s 和引射蒸汽压力 p_s，由 NIST 查得引射蒸汽焓值 h_s 和引射蒸汽熵 s_s。

$$s_s,h_s=f(T_s,p_s) \tag{2-16}$$

假设混合流体压力为 p_m，并根据两股流体开始混合处（2—2 截面）蒸汽的熵 $s_{sy,is}$，可知混合处蒸汽的焓值 $h_{sy,is}$ 和音速 $a_{sy,is}$。

$$a_{sy,is},h_{sy,is}=f(s_{sy,is},p_m) \tag{2-17}$$

应用能量守恒方程可得混合处蒸汽速度 $v_{sy,is}$。

$$v_{sy,is}=\sqrt{2(h_s-h_{sy,is})} \tag{2-18}$$

根据 p_m 和 $h_{sy,is}$ 可查混合处蒸汽声速 $a_{t,is}$。

$$a_{t,is}=f(p_m,h_{sy,is}) \tag{2-19}$$

循环迭代 p_t，使 $|a_{sy,is}-v_{sy,is}|\leqslant\varepsilon$，即可确定 p_m。

由 p_m 和 $s_{sy,is}$ 可查得理想焓值 $h_{sy,is}$。

$$h_{sy,is}=f(s_{sy,is},p_m) \tag{2-20}$$

定义等熵效率 η_s 来表示工作流体膨胀过程中理想状态与实际状态之间的差异，则有

$$h_s-h_{sy}=\eta_s(h_s-h_{sy,is}) \tag{2-21}$$

由能量守恒方程，可得两股流体开始混合处工作蒸汽速度 v_{py}。

$$v_{py}=\sqrt{2(h_{p1}-h_{py})+v_{p1}^2} \tag{2-22}$$

根据质量守恒方程，即可求得开始混合处工作蒸汽所占面积 A_{py}，考虑受激波影响而产生的流动损失，引入 η_{py}。

$$A_{py}=\frac{\eta_{py}G_p}{\rho_{py}v_{py}} \tag{2-23}$$

同理，根据质量守恒方程，可求得开始混合处引射蒸汽所占面积 A_{sy}。

$$A_{sy}=\frac{G_s}{\rho_{sy}v_{sy}} \tag{2-24}$$

由此可得等面积混合段截面积 A_2。

$$A_2=A_{py}+A_{sy} \tag{2-25}$$

（3）混合室模型

基于等压混合引射器理论，工作蒸汽和引射蒸汽混合过程动量守恒方程为

$$\eta_m(G_pv_{py}+G_sv_{sy})=(G_p+G_s)v_m \tag{2-26}$$

式中 v_m——混合流体的速度；

η_m——混合过程中的动量损失。

基于能量守恒定律可得混合流体的焓值 h_m。

$$G_p\left(h_{py}+\frac{v_{py}^2}{2}\right)+G_s\left(h_{sy}+\frac{v_{sy}^2}{2}\right)=(G_p+G_s)\left(h_m+\frac{v_m^2}{2}\right) \tag{2-27}$$

根据混合流体的焓值 h_m 和压力 p_m，可以查得混合流体的密度 ρ_m。

$$\rho_m = f(h_m, p_m) \tag{2-28}$$

激波后蒸汽的压强为 p_5，密度为 ρ_5，焓值为 h_5，速度为 v_5，则控制方程如下。

$$\rho_m v_m = \rho_5 v_5 \tag{2-29}$$

$$p_m - p_5 = \rho_5 v_5^2 - \rho_m v_m^2 \tag{2-30}$$

$$h_m + \frac{v_m^2}{2} = h_5 + \frac{v_5^2}{2} \tag{2-31}$$

式中 v_m——混合流体的速度；

p_m——混合流体的压力。

$$s_5, \rho_5' = f(h_5, p_5) \tag{2-32}$$

循环迭代 ρ_5，使 $|\rho_5' - \rho_5| \leqslant \varepsilon$，即可确定 ρ_5。

（4）扩压室模型

已知混合流体在截面 5—5 处焓值 h_5 和压力 p_5，可查得混合流体熵 s_5。

$$s_5 = f(h_5, p_5) \tag{2-33}$$

假设 6—6 截面处压力为 p_6，可知理想等熵膨胀过程中截面 6—6 处的理想焓值 $h_{6,is}$。

$$h_{6,is} = f(s_6, p_6) \tag{2-34}$$

$$s_5 = s_6 \tag{2-35}$$

扩压室部件效率 η_d 被用于表征混合流体再压缩过程中的不可逆性，则截面 6—6 处的实际焓值 h_6 可由式（2-36）求得。

$$h_{6,is} - h_5 = \eta_d (h_6 - h_5) \tag{2-36}$$

已知扩压室出口速度 v_6，则基于能量守恒定律可得混合流体在截面 6—6 处的焓值 h_6'。

$$h_6' + \frac{v_6^2}{2} = h_5 + \frac{v_5^2}{2} \tag{2-37}$$

循环迭代 p_6，使 $|h_6' - h_6| \leqslant \varepsilon$，即可确定 p_6。

根据 p_6 和 h_6，可查得混合流体在截面 6—6 处的密度 ρ_6。

$$\rho_6=f(h_6,p_6) \tag{2-38}$$

根据质量守恒，即可求得扩压管出口截面6—6的半径 R_6。

$$A_6=\frac{G_s+G_p}{\rho_6 v_6} \tag{2-39}$$

$$A_6=\pi R_6^2 \tag{2-40}$$

2.2 气体动力学函数法

2.2.1 气体引射器基本方程

采用索科洛夫理论[66]，利用空气动力学函数表达基本性能方程。下面详细介绍在已知引射器工作流体参数（p_p、T_P）、引射流体参数（p_s、T_s）和混合流体压力 p_c 的前提下，确定引射器可以达到的引射系数 ε 的求解过程。为简化计算，作如下假设。

① 工作流体和引射流体进入圆柱形混合室之前，在与工作喷管出口截面相重合的1—1截面与圆柱形混合室入口2—2截面之间不进行混合。

② 忽略工作流体和引射流体在引射器入口的初速度 v_p 和 v_s，忽略扩压室出口混合流体速度 v_c。

③ 工作流体和引射流体进行等压混合，即 $p_{p2}=p_{p1}=p_m$，且2—2截面上的工作流体所占面积和速度与工作流体在1—1截面上所占面积和速度相等，即 $A_{p2}=A_{p1}$，$v_{p2}=v_{p1}$。

④ 假设引射器内部流体为理想气体，并忽略径向流体状态参数的变化，认为引射器内的流动是一维稳态流动。

基于上述假设，根据图2-2，对2—2截面和3—3截面建立动量方程。

$$\varphi_2(G_p v_{p2}+G_s v_{s2})-(G_p+G_s)v_3=(p_3-p_{p2})A_{p2}+(p_3-p_{s2})A_{s2} \tag{2-41}$$

式中 G_p——工作流体质量流量；

G_s——引射流体质量流量；

v_{p2}——工作流体在2—2截面的速度，工作流体在喷管出口1—1截面的速度 $v_{p1}=v_{p2}$；

v_{s2}——引射流体在 2—2 截面的速度；

v_3——混合流体在 3—3 截面的速度；

p_{p2}——工作流体在 2—2 截面的压力；

p_{s2}——引射流体在 2—2 截面的压力；

p_3——混合流体在 3—3 截面的压力；

A_{p2}——工作流体在 2—2 截面的过流面面积，$A_{p2}=A_{p1}$；

A_{p1}——喷管出口截面面积；

A_{s2}——引射流体在 2—2 截面的过流面面积。

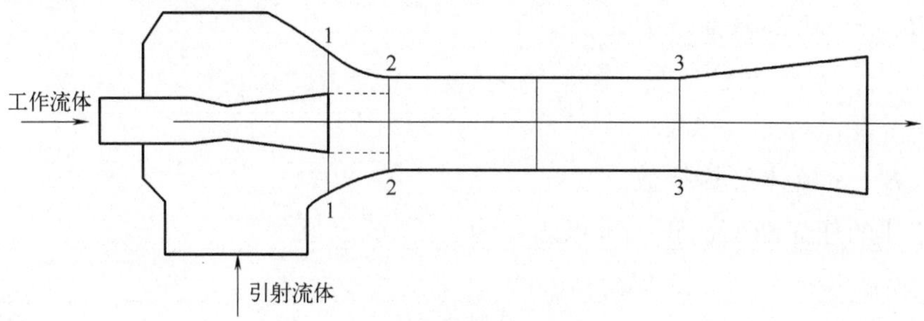

图 2-2　引射器基本方程推导原理

上述各个控制截面的流速可表示如下。

$$v_{p2}=\varphi_1 a_{px}\lambda_{ps} \tag{2-42}$$

$$v_{s2}=\varphi_4 a_{sx}\lambda_{s2} \tag{2-43}$$

$$v_3=\frac{a_{cx}\lambda_{c3}}{\varphi_3} \tag{2-44}$$

$$a_{p^*}=\sqrt{2\frac{k_p}{k_p+1}}\sqrt{p_p\nu_p} \tag{2-45}$$

$$a_{s^*}=\sqrt{2\frac{k_s}{k_s+1}}\sqrt{p_s\nu_s} \tag{2-46}$$

$$a_{c^*}=\sqrt{2\frac{k_c}{k_c+1}}\sqrt{p_c\nu_c} \tag{2-47}$$

式中　φ_1、φ_3、φ_4——分别为喷管、扩压室及混合室入口处流速系数；

a_{p^*}、a_{s^*}、a_{c^*}——分别为工作、引射和混合流体的临界速度；

λ_{ps}、λ_{s2}——工作和引射流体在 2—2 截面的等熵速度系数；

λ_{c3}——混合流体在 3—3 截面的等速度系数；

k_p、k_s、k_c——分别为工作、引射和混合流体的绝热指数；

ν_p、ν_s、ν_c——分别为工作、引射和混合流体的比容。

由气体动力学可知，流体的临界截面为

$$A_* = \frac{Ga_*}{k\Pi_* p_0} \tag{2-48}$$

式中 G——流体质量流量；

a_*——临界速度；

p_0——滞止压力；

Π_*——临界截面压力比；

$$\Pi_* = \left(\frac{2}{k+1}\right)^{\frac{k}{k-1}};$$

k——流体绝热指数。

流体的任何断面面积，可以表述为

$$A = \frac{A_*}{q} \tag{2-49}$$

式中 q——质量速度系数。

由式（2-48）和式（2-49），可知

$$A_{p2} = \frac{G_p a_{p^*}}{k_p \Pi_{p^*} p_p q_{ps}} \tag{2-50}$$

$$A_{s2} = \frac{G_s a_{s^*}}{k_s \Pi_{s^*} p_s q_{s2}} \tag{2-51}$$

$$A_3 = A_{p2} + A_{s2} = \frac{G_c a_{c^*}}{k_c \Pi_{cx} p_c q_{c3}} = \frac{G_s a_{s^*}}{k_s \Pi_{sx} p_s q_{s2}} + \frac{G_p a_{p^*}}{k_p \Pi_{px} p_p q_{ps}} \tag{2-52}$$

由于

$$G_p + G_s = G_p(1+\varepsilon) \tag{2-53}$$

则式（2-52）可表示成

$$\frac{A_3}{A_{p^*}} = \frac{k_p}{k_c} \times \frac{\Pi_{p^*}}{\Pi_{c^*}} \times \frac{p_p}{p_c} \times \frac{a_{c^*}(1+\varepsilon)}{a_{p^*} q_{c3}} \tag{2-54}$$

将式（2-42）～式（2-44）、式（2-50）～式（2-53）等代入式（2-41），经整理后得引射器基本方程如下。

$$\varepsilon=\frac{K_1\dfrac{a_{p*}}{a_{c*}}\lambda_{ps}-K_3\lambda_{c3}}{K_4\lambda_{c3}-K_2\dfrac{a_{s*}}{a_{c*}}\lambda_{s2}} \tag{2-55}$$

$$\varepsilon=\frac{G_s}{G_p} \tag{2-56}$$

$$K_1=\varphi_1\varphi_2\varphi_3 \tag{2-57}$$

$$K_2=\varphi_2\varphi_3\varphi_4 \tag{2-58}$$

$$K_3=1+\varphi_3\frac{a_{p*}}{a_{c*}}\times\frac{p_c}{p_p}\times\frac{\Pi_{c3}-\Pi_{c2}}{k\Pi_{p*}\lambda_{c3}q_{ps}} \tag{2-59}$$

$$K_4=1+\varphi_3\frac{a_{s*}}{a_{c*}}\times\frac{p_c}{p_s}\times\frac{\Pi_{c3}-\Pi_{c2}}{k\Pi_{s*}\lambda_{c3}q_{s2}} \tag{2-60}$$

$$\Pi_{c2}=\frac{p_2}{p_c}=\Pi_{s2}\frac{p_s}{p_c} \tag{2-61}$$

在流体的绝热指数相同和气体常数相同，即 $k_p=k_s$ 和 $R_p=R_s$ 的情况下，式（2-55）和式（2-60）可以简化。

$$\frac{a_{c*}}{a_{p*}}=\frac{1+\varepsilon\sqrt{\theta}}{1+\varepsilon} \tag{2-62}$$

$$\frac{a_{c*}}{a_{s*}}=\frac{1+\varepsilon\sqrt{\theta}}{(1+\varepsilon)\sqrt{\theta}} \tag{2-63}$$

式中

$$\theta=\frac{T_s}{T_p}=\frac{a_{s*}^2}{a_{p*}^2} \tag{2-64}$$

式（2-55）、式（2-59）、式（2-61）简化成如下形式。

$$\varepsilon\sqrt{\theta}=\frac{K_1\lambda_{ps}-K_3\lambda_{c3}}{K_4\lambda_{c3}-K_2\lambda_{s2}} \tag{2-65}$$

$$K_3=1+\varphi_3\frac{p_c}{p_p}\times\frac{\Pi_{c3}-\dfrac{p_s}{p_c}}{k\Pi_*\lambda_{c3}q_{ps}} \tag{2-66}$$

$$K_4=1+\varphi_3\frac{p_c}{p_s}\times\frac{\Pi_{c3}-\Pi_{c2}}{k\Pi_*\lambda_{c3}q_{s2}} \tag{2-67}$$

式中，$\Pi_*=\Pi_{p*}=\Pi_{s*}$。

若引射系数ε已给定，要求压缩压力 p_c，则基本方程［式（2-55）］可表示为

$$\frac{p_c}{p_s}=\frac{\frac{a_{p*}}{a_{c*}}\beta\left(k_1\lambda_{ps}+\varphi_3\frac{\Pi_{ps}}{\Pi_{p*}}\times\frac{1-\psi\Pi_{s2}}{k_p q_{ps}}\right)+\varepsilon\frac{a_{s*}}{a_{c*}}\left(k_2\lambda_{s2}+\varphi_3\frac{\Pi_{s2}}{\Pi_{p*}}\times\frac{1-\psi}{k_s q_{s2}}\right)-(1-\varepsilon)\lambda_{c3}}{\varphi_3\Pi_{c3}\left(\frac{a_{p*}}{a_{c*}}\times\frac{\Pi_{ps}}{\Pi_{p*}}\times\frac{1}{k_p q_{ps}}+\varepsilon\frac{a_{s*}}{a_{c*}}\times\frac{1}{\Pi_{s*}k_s q_{s2}}\right)} \tag{2-68}$$

对圆柱形混合室 $\beta=1$，$\psi=0$，作为近似计算，式（2-55）简化为

$$\varepsilon=k\frac{a_{p*}}{a_{c*}}\sqrt{\frac{1-\Pi_{ps}\frac{k_p-1}{k_p}}{1-\Pi_{cs}\frac{k_c-1}{k_c}}} \tag{2-69}$$

式中　k——修正系数，通过试验确定。

2.2.2　极限状态方程

极限状态是指在一定的工作流体压力 p_p 条件下，引射器吸收室、混合室及扩压室内任意断面的速度达到声速。由于断面产生激波，其过流量不再增加，效率急剧下降。

（1）第一极限状态方程

在混合室入口断面 $A_s=A_2$ 处，引射流体速度达到临界值，即 $\lambda_{ss}=\lambda_{s2}$，这时的极限引射系数为

$$\varepsilon_{kp1}=\frac{k_s}{k_p}\times\frac{\Pi_{s*}}{\Pi_{p*}}\times\frac{p_s}{p_p}\times\frac{A_{s2}}{A_{p*}}\times\frac{1}{\sqrt{\theta}} \tag{2-70}$$

由于

$$A_{s2}=A_3-A_{p1}=A_3\frac{A_{p*}}{q_{p1}} \tag{2-71}$$

所以

$$\varepsilon_{kp1}=\frac{k_s}{k_p}\times\frac{\Pi_{s*}}{\Pi_{p*}}\times\frac{p_s}{p_p}\left(\frac{A_3}{A_{p*}}-\frac{1}{q_{p1}}\right)\frac{1}{\sqrt{\theta}} \tag{2-72}$$

（2）第二极限状态方程

在混合室喉管内某截面 s—s 处，引射流体速度达到临界值，假定从喷管出口 1—1 截面到 s—s 截面，工作射流与引射流体不发生混合，可以得到第二极限状态下的引射系数。

$$\varepsilon_{kp2}=\frac{k_s}{k_p}\times\frac{\Pi_{s*}}{\Pi_{p*}}\times\frac{p_s}{p_p}\left(\frac{A_3}{A_{p*}}-\frac{1}{q_{ps}}\right)\frac{1}{\sqrt{\theta}} \tag{2-73}$$

$$\Pi_{ps}=\Pi_{s*}\frac{p_s}{p_p} \tag{2-74}$$

根据空气动力学函数，将式（2-54）代入式（2-73），可得第二极限状态引射系数的另一个表达式。

$$\varepsilon_{kp2}=\frac{\frac{a_{c*}}{a_{s*}}\times\frac{k_s}{k_c}\times\frac{\Pi_{s*}}{\Pi_{c*}}\times\frac{p_s}{p_c}\times\frac{1}{q_{c3}}-\frac{a_{p*}}{a_{s*}}\times\frac{k_s}{k_p}\times\frac{\Pi_{s*}}{\Pi_{p*}}\times\frac{p_s}{p_p}\times\frac{1}{q_{ps}}}{1-\frac{a_{c*}}{a_{s*}}\times\frac{k_s}{k_c}\times\frac{\Pi_{s*}}{\Pi_{c*}}\times\frac{p_s}{p_c}\times\frac{1}{q_{c3}}} \tag{2-75}$$

对圆柱形混合室喉管 $\varepsilon=1$，压缩比 p_c/p_s 较大的引射器，如大气引射器及蒸汽引射器，它的最大引射系数一般都大于 ε_{kp2}，在这种情况下，可以根据 ε_{kp2} 来确定引射器的最佳尺寸。

（3）第三极限状态方程

当混合流体在混合室喉管入口的速度达到临界速度，即 $\lambda_{s3}=1$ 时，就发生第三极限状态。其极限引射系数为

$$\varepsilon_{kp3}=\frac{k_c}{k_p}\times\frac{\Pi_{c*}}{\Pi_{p*}}\times\frac{p_c}{p_p}\times\frac{a_{p*}}{a_{c*}}-1 \tag{2-76}$$

（4）极限状态的判别

① 从第一极限状态引射系数 ε_{kp1} 与第二极限状态引射系数 ε_{kp2} 的表达式可以得出以下结论。

$q_{p1}>q_{ps}$ 时

$$\varepsilon_{kp1}>\varepsilon_{kp2} \tag{2-77}$$

$q_{p1} < q_{ps}$ 时

$$\varepsilon_{kp1} < \varepsilon_{kp2} \tag{2-78}$$

由于设计喷管时，一般都采用 $p_{p1} = p_s > p_{s*}$，因而 $q_{p1} < q_{p2}$，所以 $\varepsilon_{kp1} < \varepsilon_{kp2}$，即第二极限状态比第一极限状态出现得要早。

② 从第二极限状态引射系数 ε_{kp2} 与第三极限状态引射系数 ε_{kp3} 的表达式可以看出，若

$$\frac{k_c p_3 A_3}{A_{px}} \times \frac{1}{\sqrt{\dfrac{1+\varepsilon\theta}{1+\varepsilon}}} - \sqrt{\theta} > k_s \Pi_{s*} p_s \left(\frac{A_3}{A_{p*}} - \frac{1}{q_{ps}}\right) \tag{2-79}$$

则 $\varepsilon_{kp3} > \varepsilon_{kp2}$，即第二极限状态比第三极限状态出现得要早。

2.2.3 空气喷射器的设计方法

(1) 设计条件

已知大气压力 p_p、引射气体压力 p_s 和出口压力 p_c，设计大气喷射器。

(2) 设计步骤

① 确定压缩比 Π_{cs} 以及膨胀比 Π_{ps}。

$$\Pi_{cs} = \frac{p_c}{p_s} \tag{2-80}$$

$$\Pi_{ps} = \frac{p_p}{p_s} \tag{2-81}$$

② 确定极限引射系数 ε_{kp2}。

由式（2-75）可计算得 ε_{kp2}，其中混合流体绝热系数为

$$k_c = \frac{\dfrac{k_p}{k_p - 1} + \varepsilon \dfrac{k_s}{k_s - 1} \times \dfrac{k_s}{k_p}}{\dfrac{1}{k_p - 1} + \varepsilon \dfrac{1}{k_s - 1} \times \dfrac{k_s}{k_p}} \tag{2-82}$$

式中，k_s，k_p——分别为引射及工作气体常数。

(3) 尺寸计算

喷管喉部面积

$$A_{p*}=\frac{G_{p*}a_{p*}}{k_p\Pi_{p*}p_p} \tag{2-83}$$

喷管出口面积

$$A_{p1}=\left[\frac{k_p-1}{2}\left(\frac{2}{k_p+1}\right)^{\frac{k_p+1}{k_p-1}}\right]^{\frac{1}{2}}\left[\frac{\left(\frac{p_p}{p_s}\right)^{\frac{k_p+1}{k_p}}}{\left(\frac{p_p}{p_s}\right)^{\frac{k_p-1}{k_p}}-1}\right]^{\frac{1}{2}}A_{p*} \tag{2-84}$$

喷管出口长度

$$L_1=\frac{d_1-d_{p*}}{2\tan\frac{\alpha_1}{2}} \tag{2-85}$$

喷管渐扩段锥角

$$\alpha_1=15°\sim2 \tag{2-86}$$

喷管喉部长度

$$L_{p*}=d_p \tag{2-87}$$

喷管入口直径

$$d_p=3d_p \tag{2-88}$$

喷管入口段长度

$$L_p=6d_p \tag{2-89}$$

扩压管临界面积

$$A_3=\frac{k_p}{k_s}\times\frac{\Pi_{p*}}{\Pi_{s*}}\times\frac{p_p}{p_s}\times\frac{a_{s*}(1+\varepsilon)}{a_{p*}}A_{p*} \tag{2-90}$$

$d_3=\sqrt{\frac{4}{\pi}A_3}$，实际采用 d_3 可以考虑放大 5%。

混合室进口直径

$$d_2=(2\sim2.2)d_3 \tag{2-91}$$

扩压室出口直径

$$d_c=(2\sim2.5)d_3 \tag{2-92}$$

混合室长度

$$L_3=(5\sim6)d_3 \tag{2-93}$$

混合室喉部长度

$$L_{3^*}=(2\sim6)d_3 \tag{2-94}$$

喷嘴距

$$\mathrm{NPX}=(1\sim2)d_{\mathrm{p1}} \tag{2-95}$$

扩压管长度

$$L_{\mathrm{d}}=7(d_{\mathrm{c}}\sim d_3) \tag{2-96}$$

扩压角

$$\alpha=7^\circ\sim8^\circ \tag{2-97}$$

2.3 经验/半经验模型

在早期的研究中，为了降低建模过程的复杂度和节省计算资源，提高热力学模型的精度，部分学者建立了经过实验修正的经验和半经验模型，用以指导引射器实现快速设计和性能评估。但是，计算流体力学模型和计算机技术的快速发展使得经验模型的发展滞后并逐渐被替代。下面对部分经验模型进行简要介绍。

Chou 等[67] 为了建立适用于更多工质和运行工况的经验模型，基于大量实验数据，推导出了最大质量流量比与引射器几何结构、工况参数之间的关系。

$$\frac{m_{\mathrm{s}}}{m_{\mathrm{p}}}=\frac{p_{\mathrm{p}}}{p_{\mathrm{s}}}\times\frac{1}{\left(\frac{T_{\mathrm{s}}}{T_{\mathrm{p}}}\right)^{\frac{1}{2}}}K_{\mathrm{p}}K_{\mathrm{f}}K_{\mathrm{s}}\varphi \tag{2-98}$$

式中 K_{p}——喷管性能，主要由喷管几何参数、工作流体与引射流体入口工况等决定；

K_{f}——混合区与喷管的物理有效面积比；

K_{s}——与引射器壅塞点处的性能有关，影响引射器的引射系数与混合过程。

2000 年，Dessouky 等[68] 针对水蒸气超声速引射器，给出了引射器引射系数的经验模型。该模型的定义如下。

$$\varepsilon=0.296\frac{p_c^{1.19}}{p_s^{1.19}}\times\frac{p_p}{p_s}\times\frac{\text{PCF}}{\text{TCF}} \tag{2-99}$$

式中　ε——引射系数；

p_p——工作蒸汽入口压力；

p_s——引射蒸汽入口压力；

p_c——引射器出口压力；

PCF——工作蒸汽入口压力修正系数；

TCF——引射蒸汽入口压力修正系数，定义如下。

$$\text{PCF}=0.0000003p_p^2-0.0009p_p+1.6101 \tag{2-100}$$

$$\text{TCF}=0.00000002T_s^2-0.0006T_s+1.0047 \tag{2-101}$$

2002 年，Dessouky 等[69] 针对临界状态和亚临界状态，分别给出了相应的超声速引射器经验模型。临界状态下的引射系数经验模型为

$$\varepsilon=0.65\left(\frac{p_p}{p_s}\right)^{-1.54} p_s^{1.72}p_c^{0.0679}\frac{22.82+0.000421p_p^{1.34}}{9.32+0.128p_c^{1.14}} \tag{2-102}$$

式中　ε——引射系数；

p_p——工作蒸汽入口压力；

p_s——引射蒸汽入口压力；

p_c——引射器出口压力。

亚临界状态下引射器系数模型为

$$\varepsilon=0.0000189\left(\frac{p_p}{p_s}\right)^{-5.32} p_s^{5.04}p_c^{0.0905}\frac{22.09-6.13\ln p_p}{9.32+0.128p_c^{1.14}} \tag{2-103}$$

式中　ε——引射系数；

p_p——工作蒸汽入口压力；

p_s——引射蒸汽入口压力；

p_c——引射器出口压力。

2.4　本章小结

本章系统阐述了引射器设计的三种核心理论方法：经典热力学模型、气体

动力学函数法以及经验与半经验模型。

首先，详细介绍了经典热力学法。该方法基于质量、动量和能量守恒定律，建立了一维设计模型。该模型描述了工作流体在喷管中的膨胀加速、两股流体在混合室内的混合、激波过程以及在扩压室中的增压等关键热力过程。其优点在于物理概念清晰，计算流程相对直观，但精度受所采用的简化假设影响较大。

其次，介绍了气体动力学函数法。该方法以空气动力学理论为基础，利用临界速度、速度系数等气体动力学函数来描述流体的运动，并推导出引射器性能的基本方程。该方法的一个显著特点是深入分析了引射器的三种极限工作状态（第一、第二、第三极限状态），为确定引射器的稳定工作范围和最佳尺寸设计提供了理论依据。

最后，回顾了经验与半经验模型。这类模型主要依赖大量实验数据，通过回归分析等手段，建立引射器性能（如引射系数）与几何参数、工况参数之间的简化关系式。其优势在于计算简便，适用于快速估算和初步设计，但普适性较差，随着计算流体动力学等现代数值模拟技术的发展，其应用已逐渐减少。

综上所述，三种设计方法各有侧重，互为补充。经典热力学法和气体动力学函数法从基本原理出发，构成了引射器设计的理论基础；而经验模型则提供了工程实用的快速计算工具。深入理解这些方法的原理与适用性，是进行引射器精确设计、性能分析和结构优化的关键，为后续的仿真研究与性能提升奠定了坚实的理论基础。

第3章 可调喷管耦合优化设计

现有关于可调引射器的研究中，喷管型线仍采用传统的直线形设计。喷管型线的优化对减少激波能量损失、改善流场均匀性以及提升引射器整体性能具有重要意义，但相关研究仍属空白。而且，可调蒸汽引射器的流量调节过程对机组在变负荷或低负荷工况下的安全性和稳定性具有重大影响。可调引射器通过轴向移动喷管内的调节锥来实现流量调节，而喷管和调节锥的结构直接影响流量调节特性。因此，喷管和调节锥的优化设计对于提高流量控制的稳定性、扩大调节范围、缩短调节时间以及保障机组运行的可靠性尤为重要。然而，目前尚未有学者揭示其对流量调节特性和流场特性的具体影响。本章将通过分析可调喷管的流量调节特性、流场特性以及熵产率分布，系统地优化可调引射器的喷管及调节锥结构。

3.1 可调蒸汽引射器数值模拟方法

蒸汽引射器虽然结构简单，但其内部流体的超声速流动与混合过程非常复杂。流动过程中涉及激波、壅塞、湍流等复杂的流动现象，尤其是工作流体与引射流体在吸收室和混合室内的混合过程。到目前为止，对于混合过程中混合层的形成、发展及其湍流特性对引射器混合卷吸能力的影响机制仍不清晰。同时，激波链与混合层的耦合作用未被充分揭示。混合过程中，引射流体在卷吸效应和压差效应的共同作用下进入引射器，现有研究缺乏对混合过程中卷吸效应和压差效应对引射能力具体影响的定量分析。

CFD 技术能够剖析引射器内部流场分布，有助于引射器内部流动机理的研究。本章旨在利用CFD技术深入探讨引射器内流体混合卷吸机理，定量分析工况参数对卷吸效应引射量和压差效应引射量的影响，并揭示不同工况参数对混合层的发展、混合效率、传质量以及卷吸率的影响。

3.2 数值计算模型及求解

3.2.1 控制方程

本章的研究假设引射器内流体为稳定、湍流和可压缩流动。在忽略蒸汽冷凝以及重力影响的条件下，建立了引射器内部流动控制方程，即质量、动量、能量的守恒方程[70~72]。

连续性方程

$$\frac{\partial \rho}{\partial t}+\frac{\partial}{\partial x_i}(\rho u_i)=0 \tag{3-1}$$

动量守恒方程

$$\frac{\partial}{\partial t}(\rho u_i)+\frac{\partial}{\partial x_j}(\rho u_i u_j)=-\frac{\partial p}{\partial x_i}+\frac{\partial \tau_{ij}}{\partial x_j} \tag{3-2}$$

能量守恒方程

$$\frac{\partial}{\partial t}(\rho E)+\frac{\partial}{\partial x_i}[u_i(\rho E+p)]=\vec{\nabla}\left(\alpha_{\text{eff}}\frac{\partial T}{\partial x_i}+u_j\tau_{ij}\right) \tag{3-3}$$

式中 ρ——密度，kg/m^3；

u——速度，m/s；

t——时间，s；

p——压力，Pa；

τ——黏性应力，Pa；

μ——动力黏度，Pa·s。

$$\tau_{ij}=\mu_{\text{eff}}\left(\frac{\partial u_i}{\partial x_j}+\frac{\partial u_j}{\partial x_i}-\frac{2}{3}\times\frac{\partial u_k}{\partial x_k}\delta_{ij}\right) \tag{3-4}$$

3.2.2 湍流模型

SST k-ω 湍流模型在近壁区和分离流动区域均能提供精确的预测，适用于处理引射器内部存在的高梯度湍流流场。由于其在捕捉复杂湍流特征方面的优越性，SST k-ω 湍流模型已被广泛应用于引射器内部流动的研究，并通过多项实验验证了其精度与可靠性[70～72]。因此，本章选择 SST k-ω 湍流模型，以揭示引射器内部的流动特性和能量传递过程。其控制方程如下。

$$\frac{\partial(\rho k)}{\partial t}+\frac{\partial}{\partial x_i}(\rho k u_i)=\frac{\partial}{\partial x_j}\left[\left(\mu+\frac{\mu_t}{\sigma_k}\right)\frac{\partial k}{\partial x_j}\right]+G_k-Y_k+S_k \tag{3-5}$$

$$\frac{\partial(\rho \omega)}{\partial t}+\frac{\partial}{\partial x_i}(\rho \omega u_i)=\frac{\partial}{\partial x_j}\left[\left(\mu+\frac{\mu_t}{\sigma_\omega}\right)\frac{\partial \omega}{\partial x_j}\right]+G_\omega-Y_\omega+S_\omega \tag{3-6}$$

式中 G_k——由于速度梯度变化导致的 k 的产生项；

G_ω——ω 的产生项；

Y_k，Y_ω——分别代表 k 和 ω 的散度项；

S_k，S_ω——用户定义的源项。

3.2.3 求解方法及边界条件

综合考虑计算成本和计算精度，采用二维轴对称模型[73,74]。采用 FLUENT 20.0 作为引射器模型的求解器。工质物性参数来自 FLUENT 自带的 NIST 数据库。选择基于压力的隐式求解器，所有对流项均选择二阶上风方案，扩散项离散选择中心差分。工作流体和引射流体的入口设为压力入口，混合流体出口设为压力出口。壁面设置为光滑、无滑移、绝热等熵边界条件。计算结果要求所有残差数值小于 10^{-7}。

3.2.4 模型验证

网格划分在 ICEM（integrated computer engineering and manufacturing）中进行，采用结构化四边形网格，为了能更好地反映引射器内流场的真实情况，需要对重要位置（壁面边界层和速度变化剧烈位置）的网格进行加密处理。可调引射器网格结构如图 3-1 所示。在数值模拟中，进行网格独立性验证的主要目的是确保计算结果的精度不受网格划分的影响，这是确保数值模拟精度、控制计算成本以及提升计算结果可靠性的重要步骤。图 3-2 给出了不同网格数量下引射器内轴向压力分布。当网格数较少时，计算结果不能正确地反映引射器的流场特性。当网格数达到或超过 30 万个时，轴向压力变化趋势几乎相同。考虑到计算精度和时间成本，确定所有数值计算的网格数为 30 万个左右。整体网格质量精度大于 0.97，满足计算精度要求。

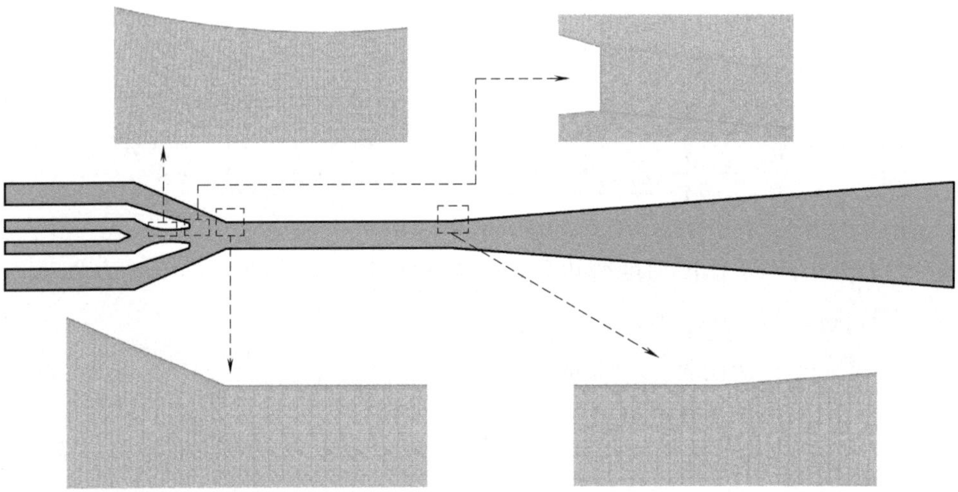

图 3-1　可调引射器网格结构

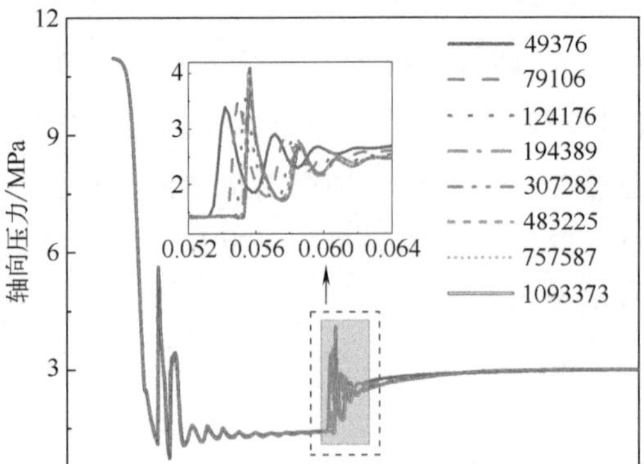

图 3-2　不同网格数量下引射器内轴向压力分布

为了验证数值模型对高温高压蒸汽引射器性能预测的可靠性，计算了在工作蒸汽压力为11MPa、温度为500℃、引射蒸汽压力为2.5MPa、温度为250℃的工况条件下，背压对引射器的引射性能的影响，结果如图 3-3 所示。由图 3-3 中的计算结果可知，高温高压蒸汽引射器的背压存在一个临界值。当背压小于临界背压时，引射系数保持不变，表明引射器处于临界运行状态；而当背压超过临界背压后，引射系数随着背压的增加急剧下降。由上述引射系数随背压的变化趋势可知，采用的数值模拟方法能够准确地反映高温高压蒸汽引射器引射性能的实际变化。

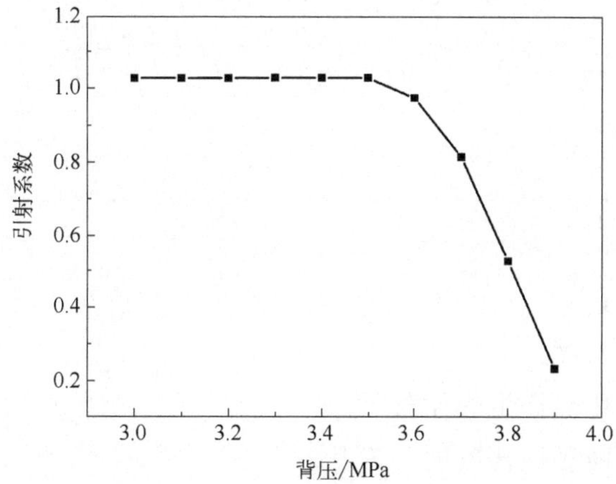

图 3-3　引射系数随背压变化趋势

3.3 熵产理论

熵产是流体流动过程中由不可逆因素引起的耗散效应。根据热力学第二定律，在任何实际的流体系统中，能量转换和传递过程中总是伴随着熵产。在引射器内工作流体和引射流体混合升压过程中，靠近固体表面的边界层内的黏性力会使流体的动能和压力能转化为内能而耗散，从而引起熵的增加；工作流体和引射流体的剪切混合过程产生的漩涡、流动分离和激波等引起的湍流脉动，这些现象也伴随着熵产；工作流体和引射流体的混合过程中由于温差传热会引起熵的变化。

传统的能量损失分析方法只能获得特定区域的损失大小，无法直观地反映能量损失发生的位置及空间分布情况。通过熵产分析方法，能够直接显示流动恶化的区域，定量描述流场内的能量损失，有助于将流动结构与损失来源关联起来，进而有利于损失机理分析及结构优化研究[75~77]。作为一种直观反映流体内部不可逆损失发生位置及能耗空间分布的有效工具，熵产分析方法为可调引射器性能改进和优化设计提供了新途径。

3.3.1 熵产计算方程

根据能量方程，对于单相不可压缩流动，熵产输运方程如下。

$$\rho\left(\frac{\partial s}{\partial t}+u\,\frac{\partial s}{\partial x}+v\,\frac{\partial s}{\partial y}+w\,\frac{\partial s}{\partial z}\right)=\mathrm{div}\left(\frac{\vec{q}}{T}\right)+\frac{\Phi}{T}+\frac{\Phi_{\Theta}}{T^2} \tag{3-7}$$

式中 ρ——密度；

s——比熵；

t——时间；

T——温度；

q——热流密度；

Φ_{Θ}——温差传热产生的耗散项；

Φ——机械能黏性耗散项，其表达式为

$$\Phi=\mu\left(\frac{\partial u_i}{\partial x_j}+\frac{\partial u_j}{\partial x_i}-\frac{2}{3}\times\frac{\partial u_k}{\partial x_k}\delta_{ij}\right)\frac{\partial u_i}{\partial x_j} \tag{3-8}$$

式中 μ——黏性系数；

δ_{ij}——应变张量分量。

对式（3-8）进行雷诺时均化处理，将所有的参数分解为时均项和脉动项（即 $\overline{s}=s+s'$，$\overline{u}=u+u'\cdots$），其时均方程如下。

$$\rho\left(\frac{\partial \overline{s}}{\partial t}+u\,\frac{\partial \overline{s}}{\partial x}+v\,\frac{\partial \overline{s}}{\partial y}+w\,\frac{\partial \overline{s}}{\partial z}\right)=\overline{\mathrm{div}\left(\frac{\vec{q}}{T}\right)}+\frac{\overline{\Phi}}{T}+\frac{\overline{\Phi_{\Theta}}}{T^2}-\rho\left(\frac{\overline{\partial u's'}}{\partial x}+\frac{\overline{\partial v's'}}{\partial y}+\frac{\overline{\partial w's'}}{\partial y}\right) \tag{3-9}$$

式中 $\overline{\Phi}/T$，$\overline{\Phi_{\Theta}}/T^2$——熵产。

① $\overline{\Phi}/T$ 表示流动过程中的耗散所引起的熵产。

$$\frac{\overline{\Phi}}{T}=S_{\mathrm{P},\overline{\mathrm{D}}}+S_{\mathrm{P,D'}} \tag{3-10}$$

式中　$S_{\mathrm{P},\overline{\mathrm{D}}}$——由于时均速度场分布不均匀产生的直接耗散熵产；

$S_{\mathrm{P},\mathrm{D}'}$——由于脉动作用带来速度变化而产生的湍流熵产。

$$S_{\mathrm{P},\overline{\mathrm{D}}}=\frac{\mu}{T}\left\{2\left[\left(\frac{\partial \overline{u}}{\partial x}\right)^2+\left(\frac{\partial \overline{v}}{\partial y}\right)^2+\left(\frac{\partial \overline{w}}{\partial z}\right)^2\right]+\left(\frac{\partial \overline{u}}{\partial y}+\frac{\partial \overline{v}}{\partial x}\right)^2+\left(\frac{\partial \overline{u}}{\partial z}+\frac{\partial \overline{w}}{\partial x}\right)^2+\left(\frac{\partial \overline{v}}{\partial z}+\frac{\partial \overline{w}}{\partial y}\right)^2\right\} \tag{3-11}$$

$$S_{\mathrm{P},\mathrm{D}'}=\frac{\mu}{T}\left\{2\left[\overline{\left(\frac{\partial u'}{\partial x}\right)^2}+\overline{\left(\frac{\partial v'}{\partial y}\right)^2}+\overline{\left(\frac{\partial w'}{\partial z}\right)^2}\right]+\overline{\left(\frac{\partial u'}{\partial y}+\frac{\partial v'}{\partial x}\right)^2}+\overline{\left(\frac{\partial u'}{\partial z}+\frac{\partial w'}{\partial x}\right)^2}+\overline{\left(\frac{\partial v'}{\partial z}+\frac{\partial w'}{\partial y}\right)^2}\right\} \tag{3-12}$$

对于时均项，可以直接从计算结果中得到平均值。对于脉动项，则根据湍流方程的选择进行修正。Kock 等[78,79] 研究表明，湍流速度脉动项与湍流模型中的 ε 或 ω 有关，当雷诺数较大时，由湍流速度脉动引起的单位体积熵产率 $S_{\mathrm{P},\mathrm{D}'}$ 存在下列关系。

a. 在 k-ε 湍流模型中，由湍流速度脉动引起的熵产率表示为

$$S_{\mathrm{P},\mathrm{D}'}=\frac{\rho\varepsilon}{T} \tag{3-13}$$

b. 在 k-ω 湍流模型中，由湍流速度脉动引起的熵产率表示为

$$S_{\mathrm{P},\mathrm{D}'}=\beta\frac{\rho\omega k}{T} \tag{3-14}$$

式中　β——0.09。

上述熵产计算方程的前提条件是流动为单相不可压缩。而引射器内工质流动具有较强的可压缩性，在可压缩混合层的研究中，Zeman 等[80] 和 Sarkar 等[81] 均发现，可压缩性对湍流结构的影响是一个耗散过程，必然会影响湍流熵产，因此采用不可压缩熵产计算方程，会降低熵产的计算精度。考虑流动的可压缩性，对式（3-14）进行修正。

由于脉动速度的散度不为零，可压缩性使湍流脉动的耗散增加。可压缩湍流中的湍流动能耗散率 ε 可以定义为无散度耗散率 ε_s 和可压缩性耗散率 ε_d 的和，即

$$\overline{\rho}\varepsilon=\overline{\rho}\varepsilon_s+\overline{\rho}\varepsilon_d \tag{3-15}$$

$$\varepsilon_s = 0.09k\omega \tag{3-16}$$

膨胀可压缩性修正模型为

$$\varepsilon_d = 0.5\varepsilon_s M_t^2 \tag{3-17}$$

$$M_t = \frac{\sqrt{2k}}{a} \tag{3-18}$$

式中　a——当地声速。

② $\overline{\Phi_\Theta}/T^2$ 表示在湍流过程中由热传递引起的熵产，可分为由时均温度梯度和脉动温度梯度引起的熵产。

$$\frac{\overline{\Phi_\Theta}}{T^2} = S_{P,\overline{C}} + S_{P,C'} \tag{3-19}$$

$$S_{P,\overline{C}} = \frac{\lambda}{\overline{T}^2}\left[\left(\frac{\partial \overline{T}}{\partial x}\right)^2 + \left(\frac{\partial \overline{T}}{\partial y}\right)^2 + \left(\frac{\partial \overline{T}}{\partial z}\right)^2\right] \tag{3-20}$$

$$S_{P,C'} = \frac{\lambda}{\overline{T}^2}\left[\overline{\left(\frac{\partial T'}{\partial x}\right)^2} + \overline{\left(\frac{\partial T'}{\partial y}\right)^2} + \overline{\left(\frac{\partial T'}{\partial z}\right)^2}\right] \tag{3-21}$$

Herwig 等[82] 通过实验数据对温度脉动引起的单位体积熵产率变化进行了修正，温度脉动引起的熵产率变化表达式如下。

$$S_{P,C'} = \frac{\alpha_t}{\alpha} S_{P,\overline{C}} \tag{3-22}$$

式中　α——流体质点当地的湍流热扩散率；

α_t——流体质点当地的热扩散率。

因此由热传递引起的熵产表示为

$$S_{P,C} = \frac{\lambda_{eff}}{\overline{T}^2}\left[\left(\frac{\partial \overline{T}}{\partial x}\right)^2 + \left(\frac{\partial \overline{T}}{\partial y}\right)^2 + \left(\frac{\partial \overline{T}}{\partial z}\right)^2\right] \tag{3-23}$$

式中　λ_{eff}——有效热导率，$\lambda_{eff} = \lambda_{eff} + \lambda_t$。

单位体积熵产率可分别由上述公式计算得到，总熵产可通过对计算域的体积积分得到。

$$\Delta S_{P,\overline{D}} = \int_{CV} S_{P,\overline{D}} \mathrm{d}V \tag{3-24}$$

$$\Delta S_{P,D'} = \int_{CV} S_{P,D'} \mathrm{d}V \tag{3-25}$$

$$\Delta S_{P,C}=\int_{CV} S_{P,C}\mathrm{d}V \tag{3-26}$$

Kock 等的研究结果表明，不同类型的单位体积熵产率均存在较强的壁面效应，且时均项更加明显，在壁面附近采用直接耗散熵产率公式会带来较大的误差。Li 等[77] 给出了壁面熵产的计算模型，如式（3-27）所示，称为壁面熵产率模型，将壁面熵产率对壁面区域进行面积积分便可得到壁面区域的总熵产。

$$S_{P,W}=\frac{\tau_w v_p}{T} \tag{3-27}$$

$$\Delta S_{P,W}=\int_S \frac{\tau_w v_p}{T}\mathrm{d}S \tag{3-28}$$

式中 $S_{P,W}$——单位面积壁面熵产率；

τ_w——壁面剪切应力；

v_p——邻近壁面第一层网格中心处流体的平均速度。

综上所述，域内的总熵产可直接按式（3-29）计算得到。

$$\Delta S_P=\Delta S_{P,\overline{D}}+\Delta S_{P,D'}+\Delta S_{P,C}+\Delta S_{P,W} \tag{3-29}$$

3.3.2 熵产模型可靠性验证

为了验证提出的可压缩性熵产计算方法的正确性，采用㶲分析方法对熵产计算结果进行验证。引射器的流动是一种稳态开口流动传热系统，且不考虑内热源的影响。单位质量的工作蒸汽进入系统所携带的能量为 $h_1+0.5v_1^2$，单位质量的引射蒸汽进入系统所携带的能量为 $h_2+0.5v_2^2$，混合蒸汽流出系统所携带的能量为 $h_3+0.5v_3^2$，系统与热源的换热量为 q，系统与环境的换热量为 q_0。整个系统忽略相变及进出口势差，与其相对应的各项能量㶲为 $e_{x,H_1}+0.5v_1^2$，$e_{x,H_2}+0.5v_2^2$，$e_{x,H_3}+0.5v_3^2$，$e_{x,q}$，$e_{x,q_0}=0$，以及附加支出㶲损失记为 i，则㶲平衡方程为

$$e_{x,H_1}+0.5v_1^2+e_{x,H_2}+0.5v_2^2-e_{x,H_3}-0.5v_3^2-i=\Delta E_{x,CV} \tag{3-30}$$

由于是稳定流动系统，式中 $\Delta E_{x,CV}=0$ 是系统㶲变，则㶲损失 i 为

$$\begin{aligned} i&=e_{x,H_1}+0.5v_1^2+e_{x,H_2}+0.5v_2^2-e_{x,H_3}-0.5v_3^2\\ &=h_1+h_2-h_3-(s_1+s_2-s_3)+0.5(v_1^2+v_2^2-v_3^2)\end{aligned} \tag{3-31}$$

因此，开口系统内产生的总㶲损失 I_E 为

$$I_E = q_m i \tag{3-32}$$

式中　q_m——质量流量。

表 3-1 给出了相同引射器结构、不同背压条件下引射器内部的熵产分析计算结果及误差数据。由表 3-1 可以看出，不可压缩熵产方程计算的㶲损小于㶲分析求得的㶲损 I_E，关键原因是没有考虑由流动可压缩性引起的额外的耗散作用。新提出的考虑可压缩性的修正湍流熵产计算方程的相对误差小于传统不可压缩熵产计算方程，且相对误差小于±5%。综上所述，新提出的可压缩熵产计算方程可以用来评价引射器内流动损失情况。

表 3-1　相同引射器结构、不同背压条件下引射器内部的熵产分析计算结果及误差数据

背压/MPa	不可压缩总熵产/(W/K)	新模型总熵产/(W/K)	㶲损/W	不可压缩模型误差/%	新模型误差/%
3.0	22.203	22.845	6240.253	−7.568	−4.896
3.1	21.714	22.346	6103.963	−6.305	−3.578
3.2	20.397	21.022	5742.279	−5.785	−2.899
3.3	18.574	19.181	5239.018	−4.038	0.902
3.4	18.614	19.212	5248.018	−4.202	0.124
3.5	18.743	19.33	5280.075	−4.989	−2.014
3.6	18.316	18.893	5160.635	−3.593	−0.556

3.4　基于流场特性分析的圆弧型可调喷管结构优化

图 3-4 给出了圆弧型可调喷管结构示意。传统可调喷管的型线为直线型，如图 3-4（a）所示。提出圆弧型喷管型线以优化流量调节特性并提高可调喷管效率，如图 3-4（b）所示。对于圆弧型喷管，其渐缩段和渐扩段型线都由两部分组成：圆弧线和与圆弧线相切的直线。本节在分析流场特性的基础上优化可调喷管型线。

引射器缩放喷管内的流体为超声速流动，超声速喷管一般分为渐缩段与渐扩段来进行不同的设计。喷管型线设计优化目标如下：

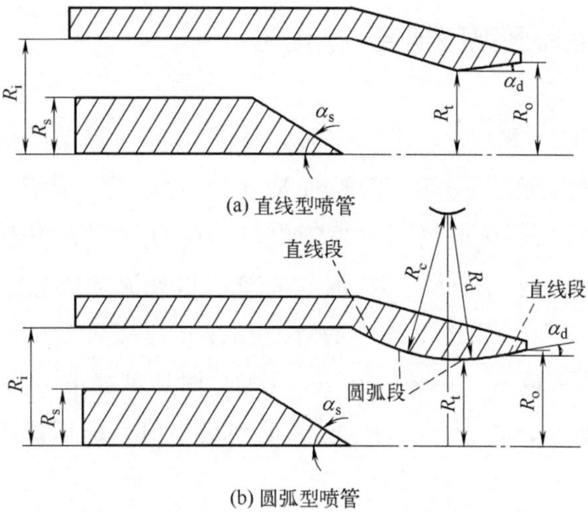

图 3-4 圆弧型可调喷管结构示意

R_c—喷管渐缩段圆弧段半径；R_t—喷管喉部半径；R_o—喷管出口半径；R_i—喷管入口半径；R_s—调节锥底面半径；α_s—调节锥半顶角；α_d—喷管渐扩段直线段倾角

① 确保出口气流达到喷管设计马赫数；

② 喷管出口气流马赫数、压强等参数分布均匀；

③ 在喷管内部产生尽量小的气流分离与湍流损失；

④ 尽量缩短喷管长度，以减少喷管的表面积、重量及壁面摩擦损失；

⑤ 设计应考虑生产加工和制造的方便性。

本章以工作蒸汽压力 11MPa、温度 500℃、流量 0.15t/h，引射蒸汽压力 2.5MPa、温度 300℃、流量 0.15t/h，喷管出口流体马赫数 1.9，作为引射器喷管优化分析的标准工况。计算分析喷管渐缩段圆弧段半径 R_c、渐扩段圆弧段半径 R_d 以及渐扩段直线段倾角 α_d 对喷管内流场的影响。在喷管中，任意截面上平均马赫数采用算术平均［式（3-33）］计算得到，其中 N 表示计算节点数，i 对应每一个节点。马赫数分布均方根偏差 σ_M 衡量了喷管出口流场的均匀度，σ_M 越小，则表示流场越均匀。

$$\overline{Ma} = \frac{1}{N}\sum_{i=1}^{n} Ma_i \tag{3-33}$$

$$\sigma_M = \sqrt{\frac{1}{n-1}\sum_{i=1}^{n}(Ma_i - \overline{Ma})^2} \tag{3-34}$$

3.4.1 喷管渐缩段圆弧段半径 R_c 优化

图 3-5 给出了当 R_c 为 0 到 $6R_t$ 时，喷管出口处径向马赫数的分布规律。图 3-6 给出了引射系数、σ_M 和 PRR 随 R_c 的变化趋势。计算结果表明，当 R_c 为 0 时，喷管出口核心区流场约占喷管出口半径的 50%，喷管出口流场均匀性较差，σ_M 为 0.054；当 R_c 大于 R_t 时，喷管出口处流场核心区半径相同，约占喷管出口半径的 90%。由图 3-6 中的计算结果还可以看出，随 R_c 的增加，引射系数和 PRR 先呈现上升趋势，在 R_c 为 $4R_t$ 时达到峰值，然后保持不变。σ_M 随 R_d 的增加先减小，在 R_c 为 $4R_t$ 时降低到最小值，随后随着 R_c 的继续增加而保持稳定。

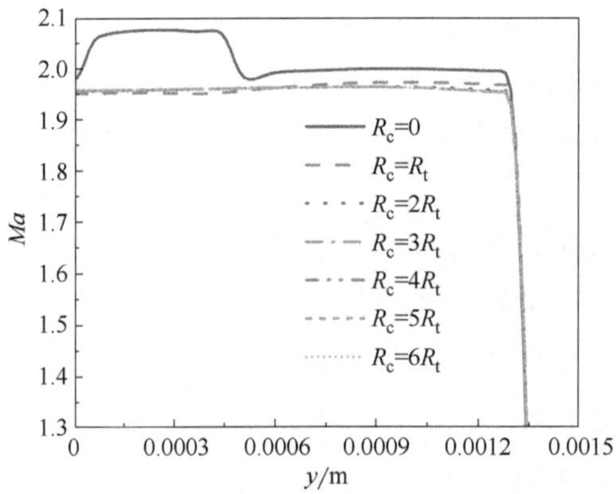

图 3-5 不同渐缩段圆弧段半径 R_c 条件下喷管出口径向 Ma 分布

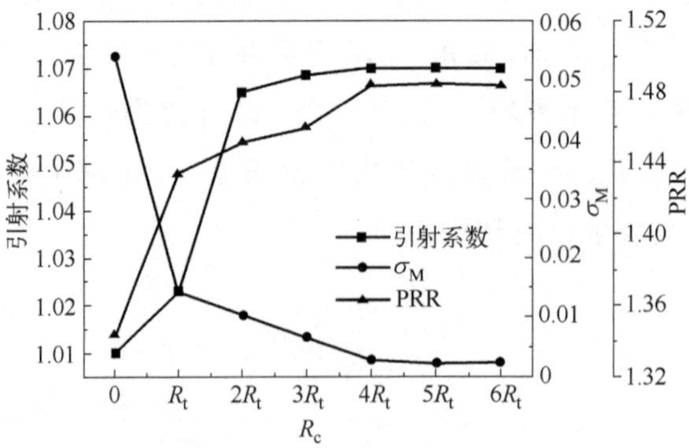

图 3-6 引射系数、σ_M 和 PRR 随 R_c 增加的变化趋势

图 3-7 给出了不同 R_c 条件下喷管出口的轴向 Ma 分布。图 3-8 给出了不同 R_c 条件下引射器内的马赫数云图分布。由图 3-7 和图 3-8 中的计算结果可知，随着 R_c 的减小，喷管内流场逐渐变得不均匀，激波强度和激波数量增加。当 R_c 大于或等于 $4R_t$ 时，喷管内流场基本保持一致且较为均匀。

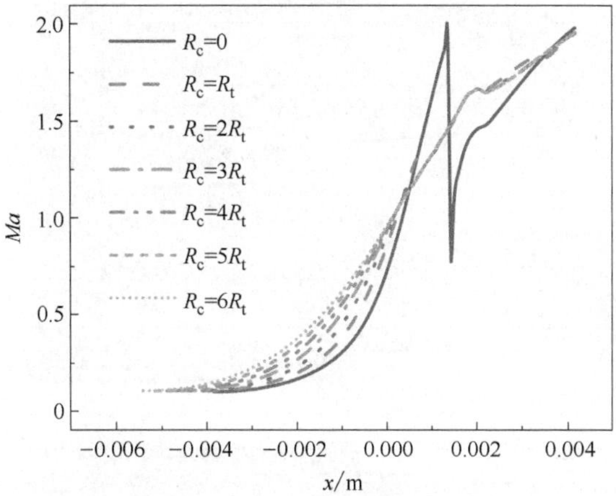

图 3-7　不同 R_c 条件下喷管出口的轴向 Ma 分布

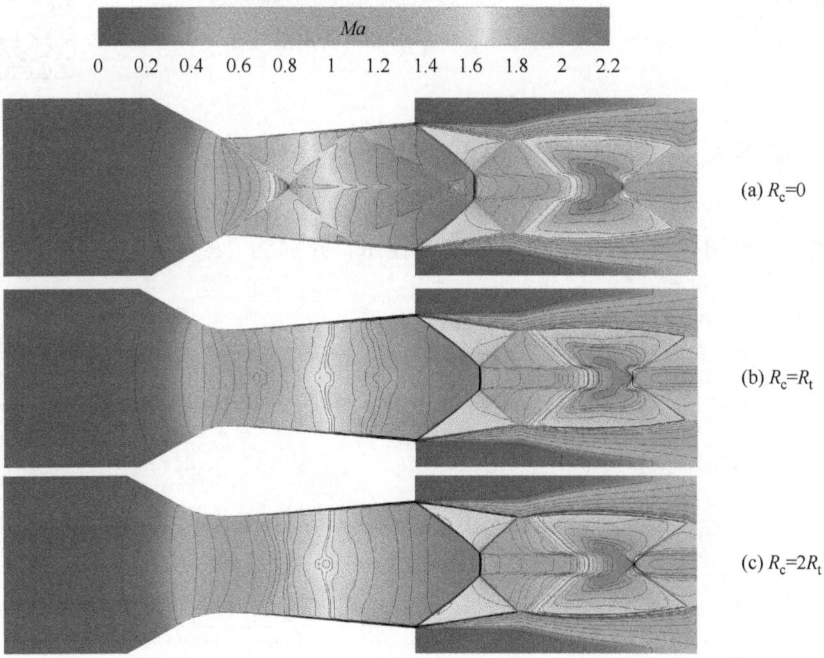

图 3-8

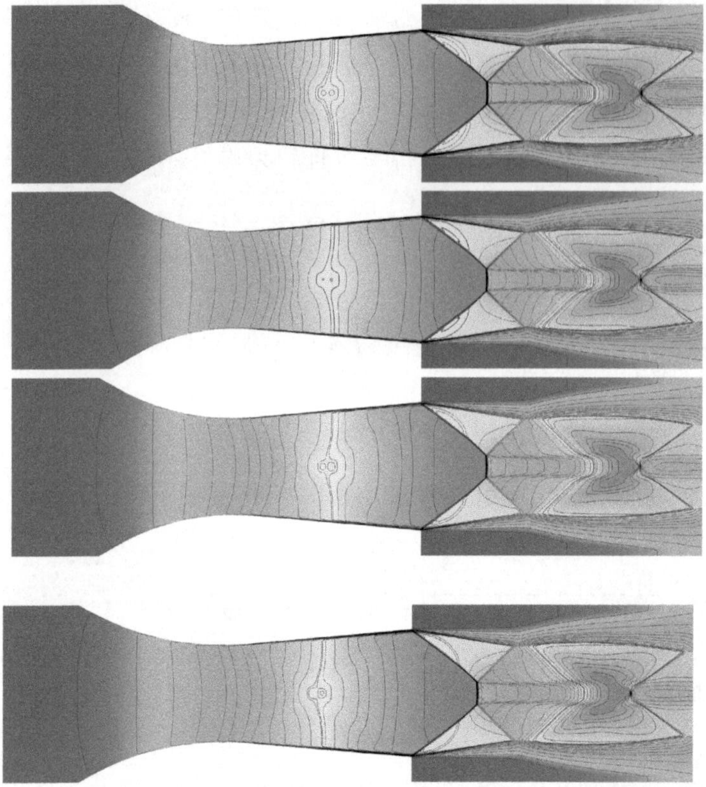

(d) $R_c=3R_t$

(e) $R_c=4R_t$

(f) $R_c=5R_t$

(g) $R_c=6R_t$

图 3-8 不同 R_c 条件下引射器内马赫数分布

扫码看彩图 3-8

3.4.2 喷管渐扩段圆弧段半径 R_d 优化

图 3-9 给出了喷管渐扩段圆弧段半径 R_d 分别为 $7R_t$、$8R_t$、$9R_t$、$10R_t$ 和

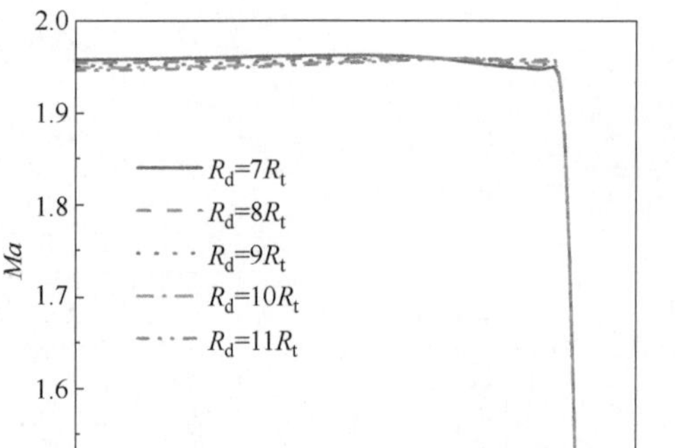

图 3-9 不同渐扩段圆弧段半径 R_d 条件下喷管出口径向 Ma 分布

$11R_t$ 时，喷管出口径向马赫数分布规律。计算结果表明，喷管出口处流场核心区半径相同，约占喷管出口半径的 90%。图 3-10 给出了引射系数、σ_M 和 PRR 随 R_d 的变化趋势。由图 3-10 中的计算结果可以看出，引射系数几乎不受 R_d 的影响。随着 R_d 的增加，PRR 先增加，达到最高值后逐渐减小；相反，σ_M 随 R_d 的增加先减小，在 R_d 为 $8R_t$～$9R_t$ 时达到最小值并保持稳定，之后逐渐增大。

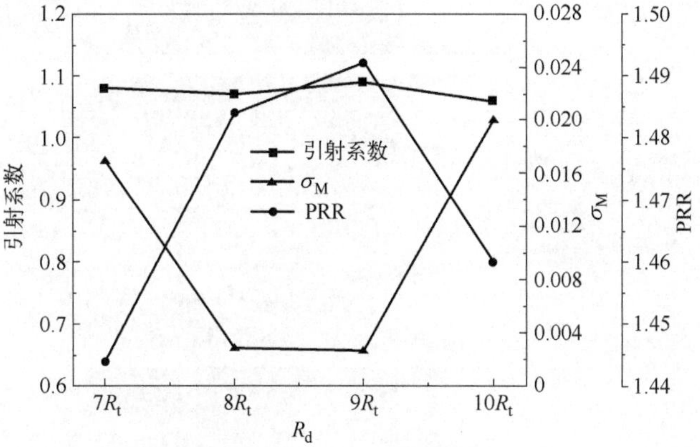

图 3-10 引射系数、σ_M 和 PRR 随 R_d 增加的变化趋势

图 3-11 给出了不同 R_d 条件下喷管内轴向马赫数的变化规律。图 3-12 则给出了不同 R_d 条件下引射器内马赫数云图分布。由图 3-11 中的计算结果可知，不同 R_d 条件下，喷管渐缩段马赫数沿轴线的变化规律几乎相同，即 R_d 的变化对喷管渐缩段流场几乎没有影响。然而，随着 R_d 的增加，喷管渐扩段内马赫数的增长速率逐渐加快，且喷管渐扩段内马赫数波动幅度减小，这意味着喷管

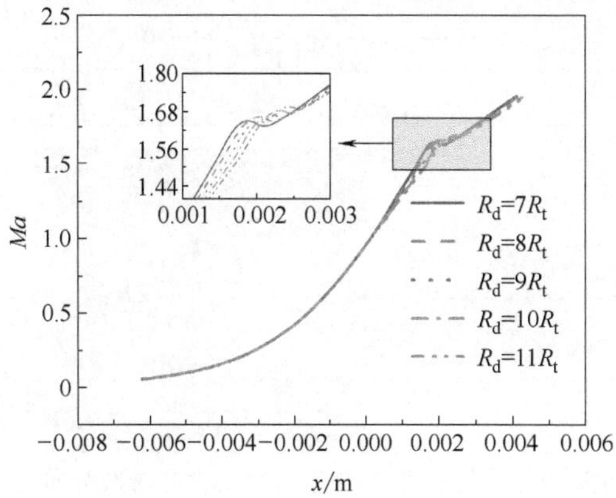

图 3-11 不同渐扩段圆弧段半径 R_d 条件下喷管内轴向 Ma 分布

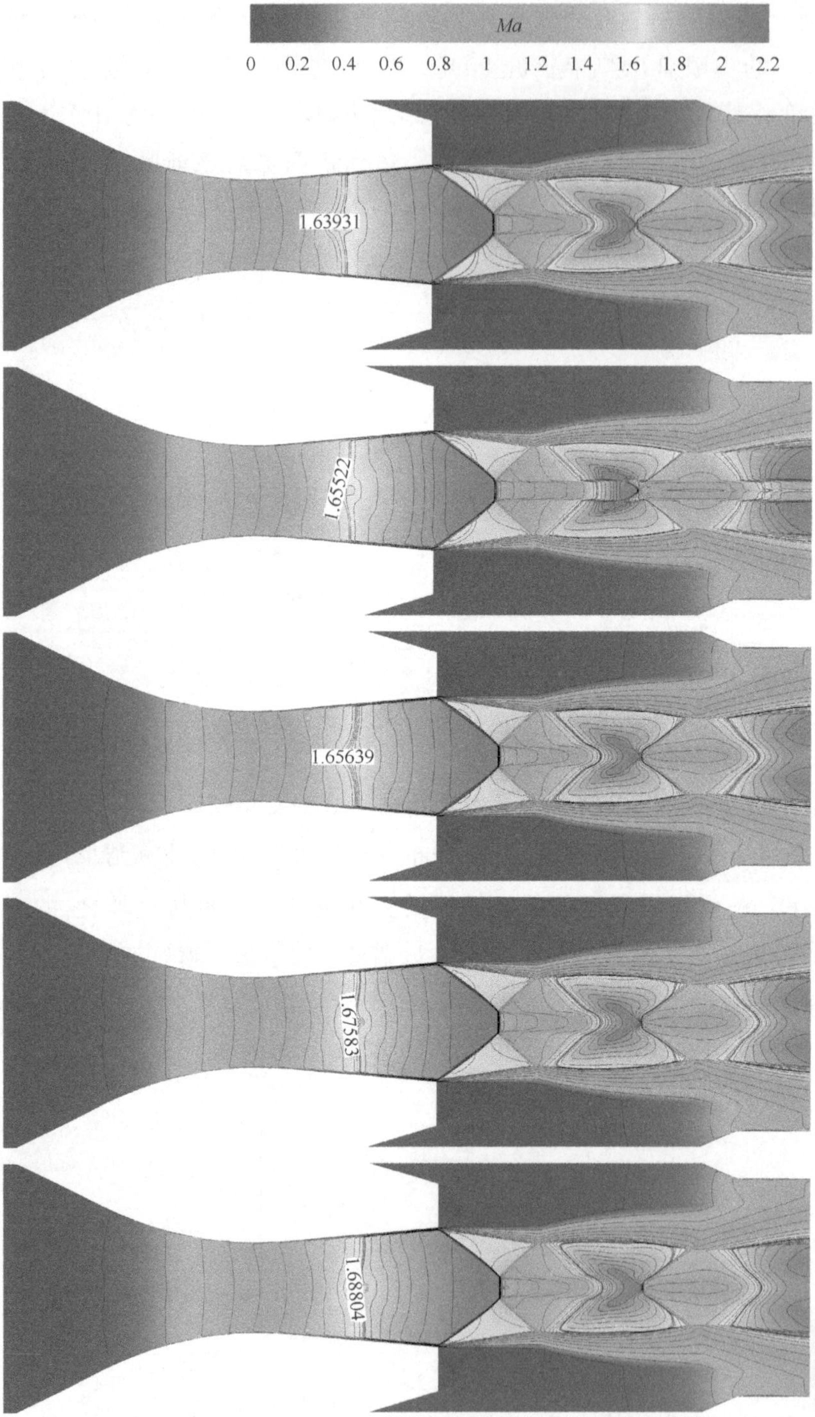

(a) $R_d=7R_t$

(b) $R_d=8R_t$

(c) $R_d=9R_t$

(d) $R_d=10R_t$

(e) $R_d=11R_t$

图 3-12 不同 R_d 条件下引射器内马赫数分布

扫码看彩图 3-12

出口的流场均匀性随 R_d 增大而提高。同时，从图 3-11 和图 3-12 可以观察到，当 R_d 从 $7R_t$ 增加到 $11R_t$ 时，流场马赫数波动的起始位置从 1.643mm 增加到 1.688mm，波动位置逐渐靠近喷管出口。因此，当 R_d 过大时，喷管出口流场的均匀性会变差。因此，R_d 值过小或过大时，流场均匀性均较差。从图 3-10 可以看出，当 R_d 在 $8R_t$～$9R_t$ 之间变化时，引射器性能最佳。因此，本书推荐 R_d 的取值范围为 $8R_t$～$9R_t$。

3.4.3 喷管渐扩段直线段倾角 α_d 优化

图 3-13 给出了当 α_d 为 1°～6°时，喷管出口径向马赫数的分布规律。从图 3-13 可知，随着 α_d 的增大，喷管出口流场核心区域的半径逐渐增大。图 3-14

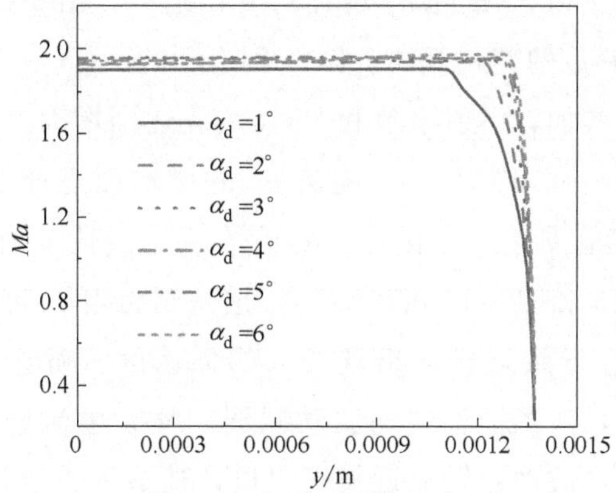

图 3-13　不同倾角 α_d 条件下喷管出口径向 Ma 分布

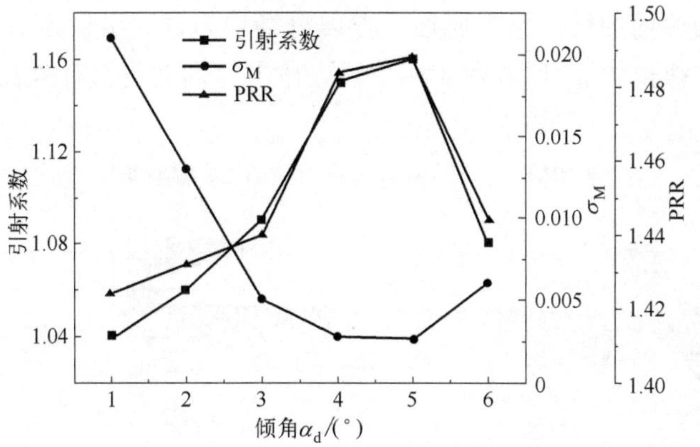

图 3-14　引射系数、σ_M 和 PRR 随 α_d 增加的变化趋势

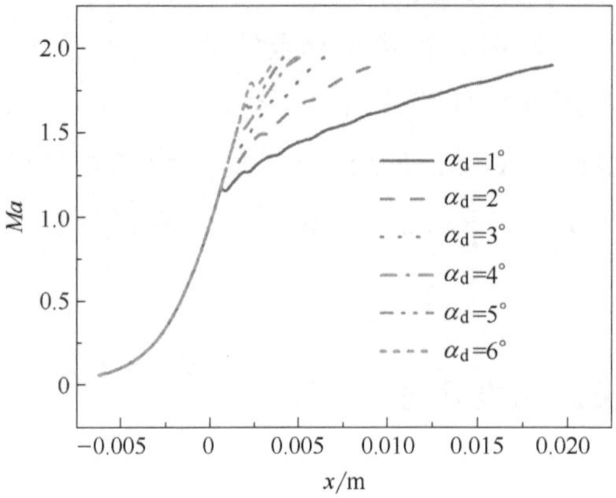

图 3-15 不同倾角 α_d 条件下喷管内轴向 Ma 分布

给出了引射系数、σ_M 和 PRR 随 α_d 增加的变化趋势。图 3-15 给出了不同 α_d 条件下喷管内轴向马赫数的变化规律。图 3-16 给出了不同 α_d 条件下引射器内马赫数云图。随着 α_d 增加，引射系数和 PRR 均先逐渐增大，在 α_d 为 4°～5°时保持稳定，然后逐渐减小。同时，σ_M 随着 α_d 的增加而逐渐下降，在 α_d 为 4°～5°时保持不变，然后逐渐上升。因此，α_d 存在一个最佳范围，以确保引射器性能最佳。结合图 3-15 和图 3-16 可以看出，这是因为当 α_d 减小时，喷管出口流场边界层厚度增加，导致近壁区出现较大的低速区，喷管出口流场均匀性降低；随着 α_d 的增大，流场沿轴向的波动减弱，喷管内流场的均匀性提升。然而，若 α_d 过大，流场波动位置靠近喷管出口，造成喷管出口流场均匀性下降。从图 3-15 和图 3-16 可以观察到，当 α_d 从 1°增加到 6°时，流场马赫数波动的起始位置从 0.00018m 增加到 0.00264m，波动位置逐渐靠近喷管出口，影响了喷管出口流场的均匀性。综上所述，考虑流场均匀性、引射系数以及升压能力的变化趋势，建议将 α_d 控制在 4°～5°，以使引射器获得最佳性能。

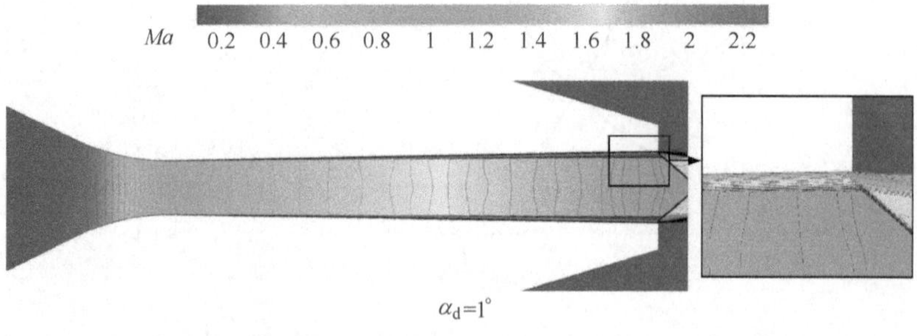

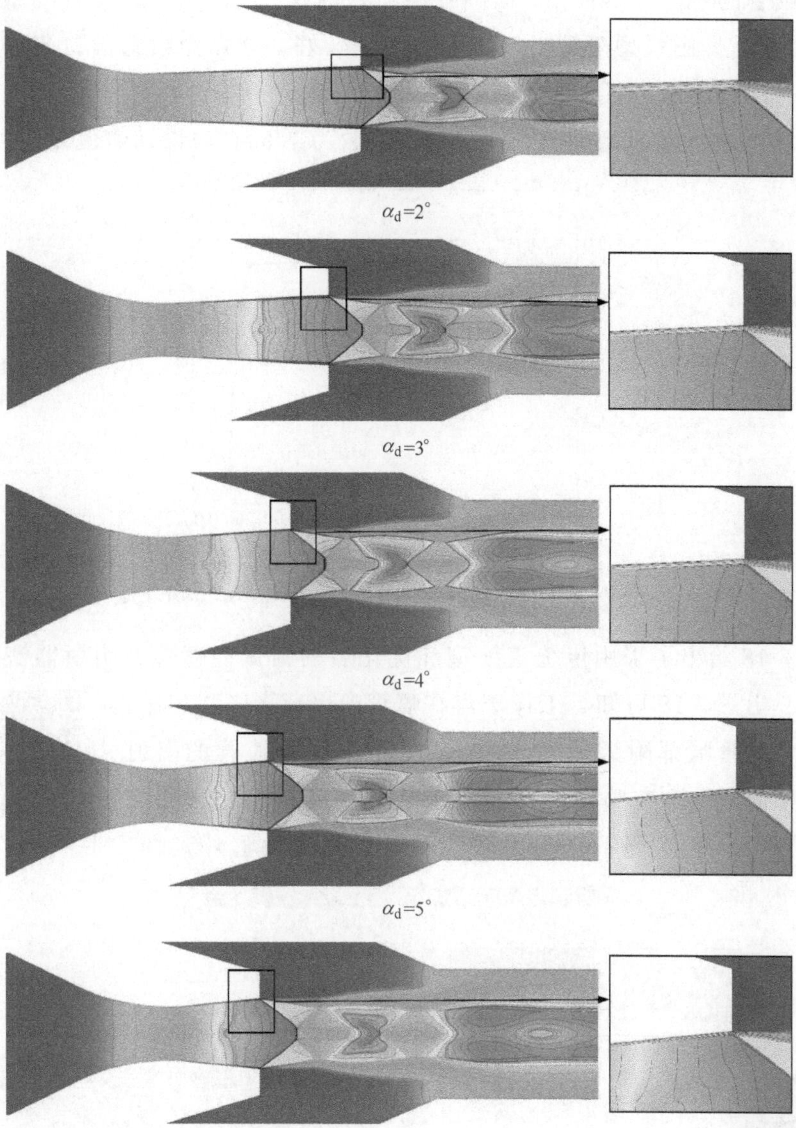

图 3-16　不同倾角 α_d 条件下引射器内 Ma 分布

扫码看彩图 3-16

3.4.4　喷管型线优化前后对比结果

直线型和圆弧型喷管的进口半径、喉部半径以及渐扩段角度相同，分别为 $3R_t$、R_t 和 5°。图 3-17 给出了直线型和圆弧型喷管出口马赫数的径向分布。

直线型喷管的 σ_M 为 0.0474，而圆弧型喷管的 σ_M 为 0.0028，比直线型喷管的 σ_M 低 94%，即圆弧型喷管出口流场均匀性较好。圆弧型喷管出口流场核心区域半径占喷管出口半径的 90%，而直线型喷管出口核心区域半径仅占喷管出口半径的 44%。圆弧型喷管出口平均马赫数为 1.94，与设计值偏差仅为 2%。

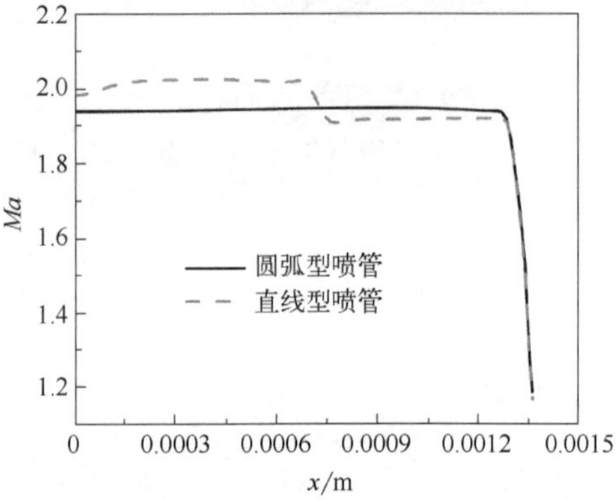

图 3-17　直线型和圆弧型喷管出口马赫数的沿径向分布

图 3-18 给出了采用传统直线型和优化后的圆弧型喷管的引射器流场马赫数云图。由图 3-18 可知，工作蒸汽在喷管内逐渐膨胀并加速，马赫数在喷管喉部附近达到 1。对于采用直线型喷管的引射器，受壁面影响，在喷管的渐扩段形成一系列压缩和膨胀波系。喷管出口的流场不均匀，喷管内的激波向喷管外延伸，

扫码看彩图 3-18

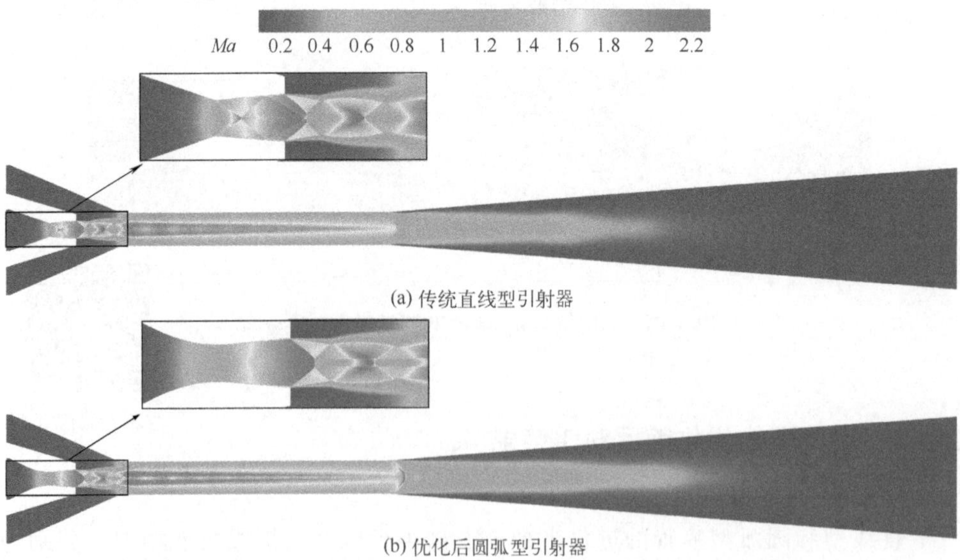

(a) 传统直线型引射器

(b) 优化后圆弧型引射器

图 3-18　采用传统直线型和优化后圆弧型喷管的引射器流场马赫数云图

与吸收室内的激波叠加，进一步加强了激波强度，导致吸收室内的能量损失增加。相比之下，圆弧型喷管内的流场更加均匀，工作蒸汽在喷管出口处的马赫数较高，有利于与引射蒸汽混合。由于圆弧型引射器的喷管出口处流速较高，因此在混合室中，圆弧型引射器轴线附近的流体速度高于直线型引射器。图 3-19 给出了传统直线型引射器与优化后的圆弧型引射器的性能对比。与直线型引射器相比，优化后的圆弧型引射器的引射系数从 1.03 提高到 1.16，PRR 提高了 5.35%。

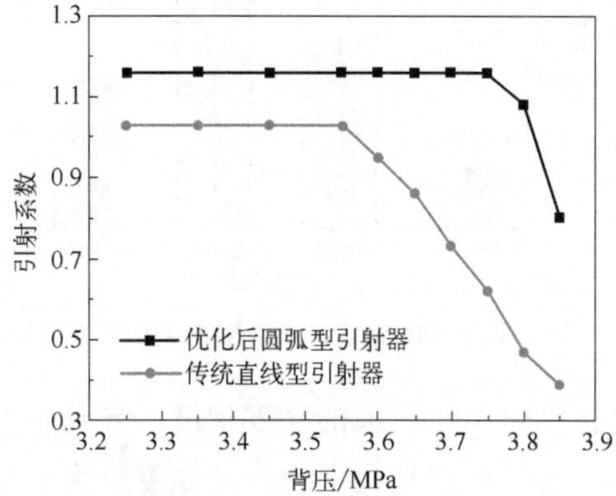

图 3-19　传统直线型引射器与优化后圆弧型引射器性能对比

扫码看彩图 3-20

图 3-19 给出了传统直线型引射器和优化后圆弧型引射器的性能对比。图 3-20 给出了优化后的圆弧型引射器与传统直线

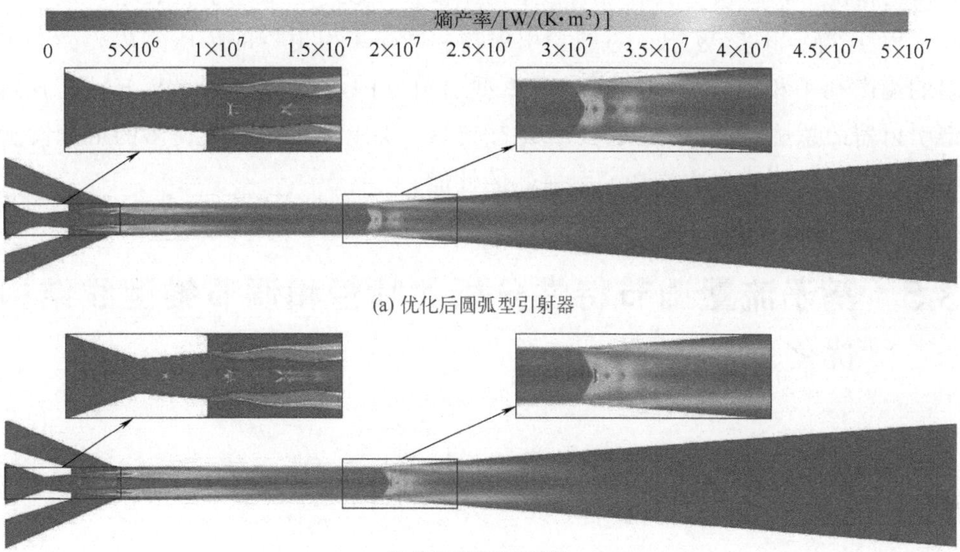

(a) 优化后圆弧型引射器

(b) 传统直线型引射器

图 3-20　优化后圆弧型引射器与传统直线型引射器的熵产率云图

型引射器的熵产率云图。直线型和圆弧型引射器各部件熵产分布的比较如图 3-21 所示。结果表明，圆弧型喷管内的熵产为 0.58W/K，低于直线型喷管产生的熵产 0.84W/K，降低了 31%。这是因为圆弧型喷管内的激波被削弱甚至消除，从而使能量损失减小。

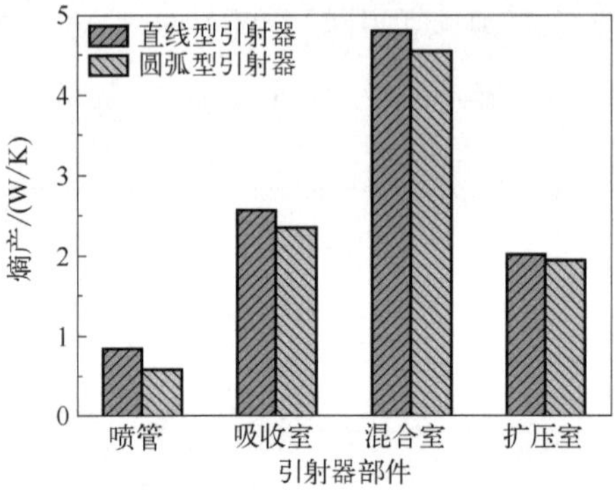

图 3-21 直线型和圆弧型引射器各部件熵产分布的比较

在吸收室中，混合层内存在较大的速度梯度，导致熵产较高。此外，与圆弧型引射器相比，直线型引射器吸收室内激波强度更大，受激波影响，激波后轴线附近的能量损失也更为显著。因此，圆弧型引射器的吸收室内的熵产为 2.35W/K，低于直线型引射器的吸收室内的 2.57W/K。混合室的熵产主要来源于混合过程和激波。由于直线型引射器的 PRR 小于圆弧型引射器，在相同背压的情况下，圆弧型引射器混合室内激波强度较小，流动损失较小，熵产从 4.79W/K 降至 4.54W/K。直线型引射器和圆弧型引射器的扩压室内，激波引起的熵产几乎相同。总体而言，圆弧型引射器的总熵产（9.42W/K）比直线型引射器的总熵产（10.19W/K）少 7.56%。综上所述，本书提出的可调圆弧型引射器优化设计方法提高了引射器的性能。

3.5 基于流量调节特性分析的喷管和调节锥型线结构优化

3.5.1 理想流量调节特性

可调喷管的流量调节特性直接影响引射器自动控制系统的控制质量和稳定

性，对于整个系统的稳定高效运行至关重要。可调喷管的流量调节特性指的是工作蒸汽通过可调喷管时，相对质量流量与调节锥相对位移之间的关系，其数学表达式为

$$\frac{G}{G_{\max}}=f\ \frac{l}{L} \tag{3-35}$$

式中 G——调节锥在某一位移下的质量流量；

$G_{\max}$——等效喉部面积最大时所对应的质量流量；

l——调节锥位移；

L——等效喉部面积最大时的调节锥位移。

理想的流量调节特性通常有四种类型：直线型、快开型、等百分比（对数）型和抛物线型，如图 3-22 所示。直线型流量调节特性是指相对流量与调节锥相对位移呈线性关系，即单位位移变化引起的流量变化是常数。快开型流量调节特性是指随着开度的增大，流量迅速达到最大，此后再增加开度，流量变化很小。等百分比（对数）型流量调节特性是指当单位相对位移变化时，引起的相对流量变化与当前的相对流量成正比。抛物线型流量调节特性与等百分比（对数）型流量调节特性非常接近，它是指单位相对位移的变化，引起相对流量的变化与此处的相对流量值的平方根成正比。在这四种流量调节特性中，直线型流量调节特性在小开度时流量变化大，调节过于灵敏，易产生振荡；而在大开度时流量变化小，调节作用不够灵敏，适应能力较弱。快开型流量调节特性适合间歇调节，通常不用于可调喷管的连续流量调节。等百分比（对数）型流量调节特性的优势在于，当流量较小时，调节过程平稳；而当流量较大时，调节变得灵敏且有效。抛物线型流量调节特性则介于直线型与等百分比

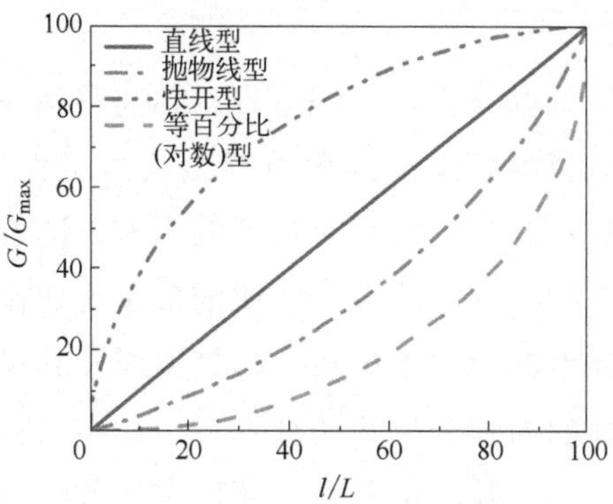

图 3-22　理想流量调节特性

（对数）型之间，改善了直线型在低流量时调节性能较差的问题。

从控制系统的角度来看，理想情况是调节锥在全行程范围内具有相同的流量变化，这样可以确保调节系统在机组各种负荷下都能保持一致的调节精度和稳定性。在上述四种流量调节特性中，等百分比（对数）型调节具有最好的灵敏度和稳定性，抛物线型次之，直线型较差，而快开特性不适用于连续调节系统。因此，优化可调喷管的流量调节特性，对于提高可调蒸汽引射器在流量调节过程中的稳定性和灵敏度至关重要。

3.5.2 等效喉部面积

缩放喷管内流体质量流量与喉部面积的关系见式（3-36）。由式（3-36）可知，当缩放喷管入口参数不变时，喷管内流体的质量流量与可调喷管喉部面积成正比，即可调喷管喉部面积随调节锥位移的变化规律即为可调喷管流量调节特性。因此，所有影响喉部面积的因素都会对可调喷管的流量调节特性产生影响。计算喉部面积随调节锥位移的变化是研究喷管和调节锥结构对喷管流量调节特性影响规律的基础。

$$G=\frac{pA}{\sqrt{T}}\sqrt{\frac{\gamma}{R}\left(\frac{2}{\gamma+1}\right)^{\frac{\gamma+1}{\gamma-1}}}\sqrt{\eta} \tag{3-36}$$

式中 p——入口压力；

T——入口温度；

A——喉部面积；

R——气体常数；

η——喷管效率。

对于传统的直线型可调喷管，当调节锥沿轴向移动时，最小流通面积的位置始终位于喷管喉部。当喷管型线或调节锥型线为曲线时（图 3-23），由于受调节锥型线、喷管型线和两者之间相对位置的影响，随着调节锥位置的不断变化，喷管与调节锥两个型线共同约束下形成的最小流通截面的面积和位置也随之变化。因此，需要在不同调节锥型线、喷管型线及其位置变化条件下，建立可调喷管最小流通截面的面积和位置的计算方法。本书将不同调节锥位移条件下的最小流通截面定义为等效喉部面积，而确定等效喉部面积及其位置的计算方法是研究可调喷管流量调节特性的基础。任何影响可调喷管等效喉部面积的因素都会对其流量调节特性产生影响。

图 3-23 给出了可调圆弧型和直线型喷管的坐标系。在喷管渐缩段型线和调节锥型线上分别取两点形成的最短距离为线段 AB，AB 线段绕 x 轴旋转一圈所形成的扇形面的面积即为等效喉部面积 S_{AB}。在图 3-23 中，C 点为 B 点在 x 轴上的投影，D 点为 A 点在 x 轴上的投影，E 点为喷管渐缩段的直线段 EM 与圆弧段 EN 的切点。点 A 和点 B 的坐标分别为（x_A，y_A）和（x_B，y_B），则等效喉部面积 S_{AB} 的公式为

$$S_{AB}=\begin{cases}\left|\pi(\overline{AD}^2-\overline{BC}^2)/\sin\left(\arctan\left(\dfrac{\overline{AD}-\overline{BC}}{x_A-x_B}\right)\right)\right| & x_A\neq x_B\\ \pi(\overline{AD}^2-\overline{BC}^2) & x_A=x_B\end{cases}\tag{3-37}$$

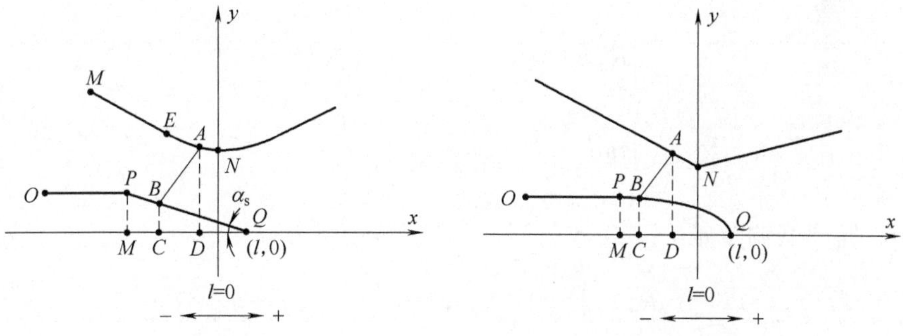

(a) 直线型喷管

(b) 圆弧型喷管

图 3-23　可调圆弧型和直线型喷管的坐标系

由式（3-37）可知，要确定等效喉部面积 S_{AB}，需要确定 A 点所在的曲线方程和 B 点所在的曲线方程。

① 根据喷管型线不同，A 点所在的曲线方程可分为以下两种情况。

a. 圆弧型可调喷管。

$$y=\begin{cases}-\dfrac{(3R_t-y_E)}{6R_t+x_E}x-\dfrac{6R_t(3R_t-y_E)}{6R_t+x_E}+3R_t & x_M\leqslant x\leqslant x_E\\ -\sqrt{(KR_t)^2-x^2}+R_t(K+1) & x_E<x\leqslant x_N\end{cases}\tag{3-38}$$

式中　K——喷管渐缩段圆弧段半径 R_c 与喉部半径 R_t 之比。

b. 直线型可调喷管。

$$y=-\sqrt{(KR_t)^2-x^2}+R_t(K+1)\tag{3-39}$$

② 本书共讨论了三种不同类型的调节锥头部型线：直线型、椭圆型和抛物线型。图 3-24 给出了直线型、椭圆型和抛物线型调节锥结构示意。调节锥底部半径为 R_s，调节锥头部高度为 $MQ=h$，调节锥头部顶点坐标为（l，0）。因此，B 点所在的曲线方程可分为以下三种情况。

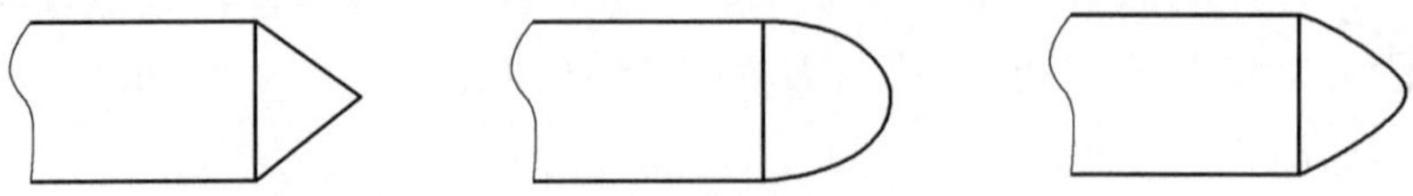

(a) 直线型　(b) 椭圆型　(c) 抛物线型

图 3-24　直线型、椭圆型和抛物线型调节锥结构示意

a. 直线型调节锥。

$$y=\begin{cases} R_s x & x\leqslant l-h \\ \tan\dfrac{R_s}{h}(l-x) & l-h<x\leqslant l \end{cases} \tag{3-40}$$

b. 椭圆型调节锥。

$$y=\begin{cases} R_s x & x\leqslant l-h \\ \sqrt{R_s^2-\dfrac{R_s^2}{h^2}x^2} & l-h<x\leqslant l \end{cases} \tag{3-41}$$

c. 抛物线型调节锥。

$$y=\begin{cases} R_s x & x\leqslant l-h \\ \sqrt{-(x-l)\dfrac{h^2}{R_s}} & l-h<x\leqslant l \end{cases} \tag{3-42}$$

采用粒子群优化算法，求式（3-37）～式（3-42），即可得到调节锥任意位置处的等效喉部面积大小及相应位置坐标的计算方法。由等效喉部面积计算公式可知，调节锥型线和喷管型线对等效喉部面积变化规律具有重要影响。综上所述，可通过耦合改变调节锥型线和喷管型线，获得等效喉部面积随调节锥位移变化的趋势，进一步研究可调喷管流量调节特性变化规律。这对于实现可调喷管中调节锥型线与喷管型线的耦合优化设计具有关键作用。接下来，本书将在分析调节锥型线和喷管型线对可调喷管流量调节特性影响的基础上，对调节

锥型线和喷管渐缩段的圆弧段半径 R_c 进行耦合优化设计。为此，本研究构建了 39 种喷管型线与调节锥型线的组合，如表 3-2 所示。对于圆弧型和直线型可调喷管，喷管的渐缩段直线段倾角、渐扩段直线段倾角、入口半径、喉部半径以及出口半径均保持一致，以便比较不同型线对可调喷管流量调节特性的影响。

表 3-2 喷管型线与调节锥型线的组合

<table>
<tr><th rowspan="2">编号</th><th rowspan="2">喷管型线</th><th colspan="3">调节锥结构</th></tr>
<tr><th>型线</th><th>调节锥半顶角 α_s/(°)</th><th>高径比</th></tr>
<tr><td>LL-26</td><td rowspan="21">直线型</td><td rowspan="7">直线型</td><td>26</td><td rowspan="7">—</td></tr>
<tr><td>LL-28</td><td>28</td></tr>
<tr><td>LL-30</td><td>30</td></tr>
<tr><td>LL-32</td><td>32</td></tr>
<tr><td>LL-34</td><td>34</td></tr>
<tr><td>LL-36</td><td>36</td></tr>
<tr><td>LL-38</td><td>38</td></tr>
<tr><td>LE-1</td><td rowspan="9">椭圆型</td><td rowspan="9">—</td><td>1</td></tr>
<tr><td>LE-1.25</td><td>1.25</td></tr>
<tr><td>LE-1.5</td><td>1.5</td></tr>
<tr><td>LE-1.732</td><td>1.732</td></tr>
<tr><td>LE-2</td><td>2</td></tr>
<tr><td>LE-2.5</td><td>2.5</td></tr>
<tr><td>LE-3</td><td>3</td></tr>
<tr><td>LE-3.5</td><td>3.5</td></tr>
<tr><td>LE-4</td><td>4</td></tr>
<tr><td>LP-1</td><td rowspan="5">抛物线型</td><td rowspan="5">—</td><td>1</td></tr>
<tr><td>LP-1.5</td><td>1.5</td></tr>
<tr><td>LP-2</td><td>2</td></tr>
<tr><td>LP-2.5</td><td>2.5</td></tr>
<tr><td>LP-3</td><td>3</td></tr>
</table>

续表

编号	喷管型线	调节锥结构		
		型线	调节锥半顶角 α_s/(°)	高径比
AL-26	圆弧型	直线型	26	—
AL-28			28	
AL-30			30	
AL-32			32	
AL-34			34	
AL-36			36	
AL-38			38	
AE-1		椭圆型	—	1
AE-1.25				1.25
AE-1.732				1.732
AE-2				2
AE-2.5				2.5
AE-3				3
AP-1		抛物线型	—	1
AP-1.5				1.5
AP-2				2
AP-2.5				2.5
AP-3				3

3.5.3 喷管渐缩段圆弧段半径 R_c 优化

在3.4节中基于流场特性，优化了喷管渐缩段圆弧段半径 R_c，可知当 R_c 大于或等于 $4R_t$ 时，引射器性能良好。下面根据流量调节特性分析，进一步优化 R_c。如图3-25所示为可调喷管配备直线型、椭圆型及抛物线型调节锥时，不同 R_c 条件下流量调节特性的变化规律。根据图3-25可知，当 R_c 增大时，调节锥的有效工作范围逐渐增大，调节响应变慢。对于直线型和椭圆型调节锥，随着 R_c 的增大，质量流量的相对变化率减小，调节过程更加平缓，流量调节的灵敏性变差。对于抛物线型调节锥，可调喷管在调节锥位移小于2mm

时，R_c 的大小对质量流量的相对变化率没有影响，而当调节锥位移大于 2mm 时，随着 R_c 的增大，调节过程变得更加平缓。因此，为保证可调喷管在调节流量过程中的响应速度及灵敏性，R_c 越小越好。综上所述，在分析流场特性和流量调节特性的基础上，本书推荐的 R_c 为 $4R_t$。

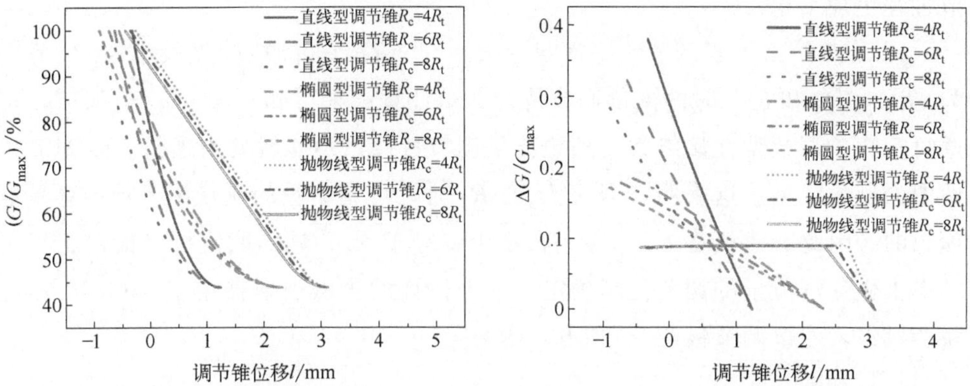

(a) 流量调节特性　　(b) 流量变化率

图 3-25　不同喷管渐缩段圆弧段半径 R_c 条件下的可调喷管的流量调节特性

3.5.4 调节锥底部半径 R_s 优化

由于可调喷管的流量调节范围不受调节锥头部形状的影响，本研究以直线型调节锥为例，分析不同调节锥底面半径对调节范围的影响。图 3-26 给出了调节锥半顶角 $\alpha_s=32°$，喷管渐缩段圆弧段半径 $R_c=4R_t$，调节锥底面半径 R_s 分别为 $0.5R_t$、$0.75R_t$、R_t 时流量调节特性的变化规律。由图 3-26 可知，随

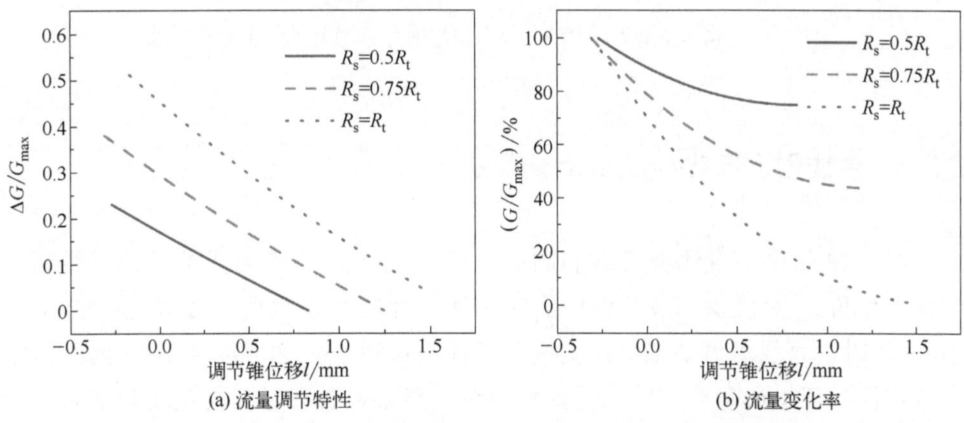

(a) 流量调节特性　　(b) 流量变化率

图 3-26　不同调节锥底面半径 R_s 条件下的可调喷管的流量调节特性

着 R_s 增加，调节锥产生流量调节作用的可移动范围逐渐增加，调节锥产生流量调节范围由设计工况质量流量的 25%增加到 100%。不同 R_s 条件下，调节锥产生流量调节作用的起始位置几乎相同。此外，从图 3-26 的计算结果还可以看出，随着 R_s 减小，在调节锥单位相对位移下的相对流量变化量越小，调节过程更加平稳。

图 3-27 给出了当调节锥底面半径 $R_s=1.5R_t$，渐缩段圆弧段半径 R_c 分别为 $4R_t$、$6R_t$ 和 $8R_t$ 时的流量调节特性。由计算结果可知，无论 α_s 值如何，可调喷管流量调节特性始终为非理想流量调节特性，不能转变为理想流量调节特性中的抛物线型。这表明，当 R_s 大于 R_t 时，可调喷管的流量调节特性总是不理想的。因此，建议将 R_s 值控制在小于或等于 R_t。具体取值可以根据工程实际中工作蒸汽流量的调节范围确定。本书设计的蒸汽引射器用于 350MW 热电联产机组，建议调节锥的 R_s 取 $0.75R_t$。

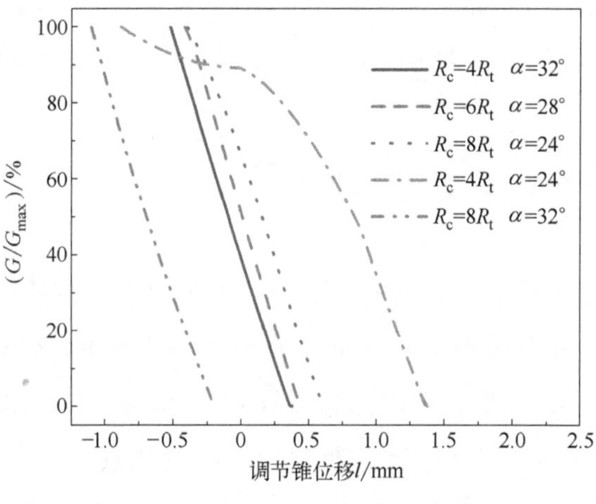

图 3-27 调节锥底面半径 R_s 为 $1.5R_t$ 时可调喷管的流量调节特性

3.5.5 直线型调节锥半顶角 α_s 优化

图 3-28 给出了直线型喷管和圆弧型喷管配备直线型调节锥时，直线型调节锥半顶角 α_s 对流量调节特性的影响规律。计算结果表明，当 R_c 为 $4R_t$，α_s 小于 32°时，直线型调节锥的流量调节特性不理想，α_s 大于或等于 32°时，流量调节特性呈理想流量调节特性的抛物线型，即流量较大时，流量变化显著，而流量较小时，流量变化幅度较小。此外，整个流量调节过程中，流量变化率平

滑，如图 3-28（b）所示。与非理想流量调节特性相比，抛物线型流量调节特性在流量调节过程中稳定且灵敏。因此，为满足抛物线型的理想流量调节特性，当喷管型线为圆弧型，且 R_c 为 $4R_t$，R_s 为 $0.75R_t$ 时，α_s 应大于或等于 32°。从图 3-28（a）还可以看出，随着 α_s 的增大，产生流量调节作用的起始位置逐渐靠近喷管入口。可调喷管的有效工作范围与 α_s 无关。

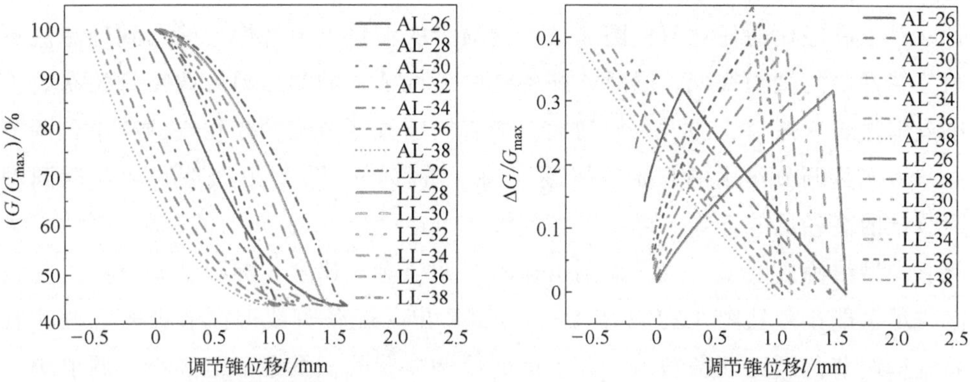

(a) 流量调节特性　　(b) 流量变化率

图 3-28　不同直线型调节锥半顶角 α_s 条件下的可调喷管的流量调节特性

由上述计算结果可知，在调节锥调节流量的过程中，通过耦合改变 α_s 和 R_c 的大小，可以使圆弧型可调喷管的流量调节特性呈现理想流量调节特性中的抛物线型，从而保证系统稳定、灵活且高效运行。通过数据拟合得出，当 α_s 和 R_c 满足如下关系时，圆弧型可调喷管的流量调节特性为抛物线型。

$$\alpha_s \geqslant -2K+40 \tag{3-43}$$

式中　K——R_c 与 R_t 之比，范围为 $4 \leqslant K \leqslant 8$。

该关系式相关系数大于 0.99，满足拟合精度要求。

由图 3-28 可以看出，当直线型喷管配备直线型调节锥时，无论 α_s 为何值，直线型喷管的流量调节特性都无法变为理想流量调节特性。可调喷管的整个调节范围内流量变化率变化趋势不平滑，具体表现为：在 100%～50%的流量调节范围内，流量变化率随质量流量的减小而增大；在 50%～0 的流量调节范围内，流量变化率随质量流量的增加而减小。因此，当直线型喷管配备直线型调节锥时，其流量调节特性不符合任何一种理想流量调节特性形式。

3.5.6 椭圆型调节锥高径比优化

图 3-29 给出了当直线型喷管和圆弧型喷管配备椭圆型调节锥时，椭圆型调节锥的锥头高度 h 与锥底半径 R_s 的比值（高径比）对流量调节特性的影响规律。由图 3-29 中计算结果可以观察到，当圆弧型喷管与椭圆型调节锥组合时，对于高径比的任意值，圆弧型可调喷管的流量调节特性均能达到理想流量调节特性中的抛物线型。同时，配备椭圆型调节锥的圆弧型可调喷管的有效工作范围随着其高径比的增大而增大。随着椭圆型调节锥的高径比的减小，调节锥产生流量调节作用的起始位置逐渐向上游移动。图 3-29 表明，随着椭圆型调节锥的高径比的下降，可调喷管的调节响应变快，调节更加灵敏。因此，当调节锥型线为椭圆型时，考虑到引射器的调节响应速度，椭圆型调节锥的高径比应尽可能小。从图 3-28 和图 3-29 可以看出，配备直线型调节锥的可调喷管的流量调节范围比配备椭圆型调节锥的可调喷管的流量调节范围小，调节响应速度快，调节更加灵敏。

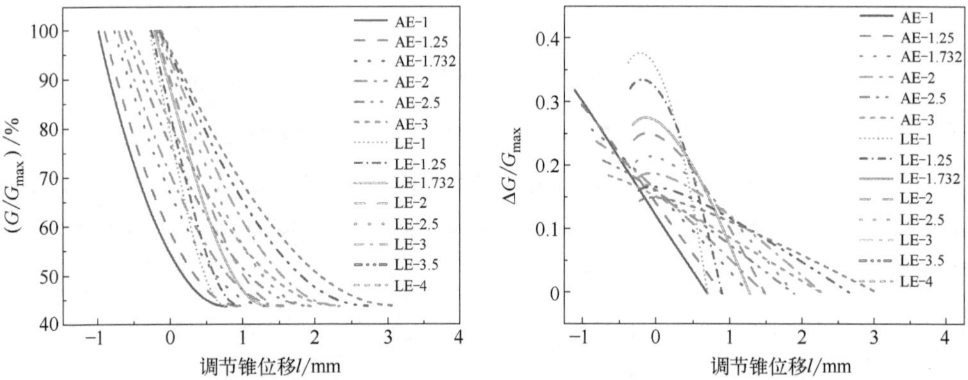

(a) 流量调节特性　　(b) 流量变化率

图 3-29　不同椭圆型调节锥高径比条件下的可调喷管的流量调节特性

从图 3-29 还可以发现，直线型喷管与椭圆型调节锥组合时，椭圆型调节锥的任何结构都不能使可调喷管的流量调节特性在全部流量调节范围内达到理想状态。然而，仅在 90%～100%流量调节的较小范围内，直线型可调喷管的流量调节特性偏离抛物线型。随着椭圆型调节锥的高径比的增大，直线型可调喷管的流量调节特性逐渐接近抛物线型，调节响应速度有所下降。

3.5.7 抛物线型调节锥高径比优化

图 3-30 给出了直线型喷管和圆弧型喷管配备抛物线型调节锥时，抛物线型调节锥的高径比对可调喷管流量调节特性的影响规律。研究结果表明，无论是圆弧型喷管还是直线型喷管，只要所配备的调节锥为抛物线型时，所有可调喷管的流量调节特性都未达到理想状态，即通过改变抛物线型调节锥的型线，无法实现可调喷管的抛物线型理想流量调节特性。当圆弧型喷管配备抛物线型调节锥时，随着抛物线型调节锥的高径比的减小，偏离抛物线型理想流量调节特性的范围也随之减小。当直线型喷管配备抛物线型调节锥时，在 90%以上的流量调节范围内，可调喷管的流量调节特性均未达到理想状态。因此，考虑到可调喷管的流量调节特性，本书不推荐抛物线型调节锥。

基于上述对不同结构调节锥的可调喷管流量调节特性分析，本书建议对于圆弧型喷管，配备直线型或椭圆型调节锥。对于直线型喷管，建议配备椭圆型调节锥。上述调节锥结构的选取方法能有效确保可调喷管流量调节过程的稳定性和灵敏性。

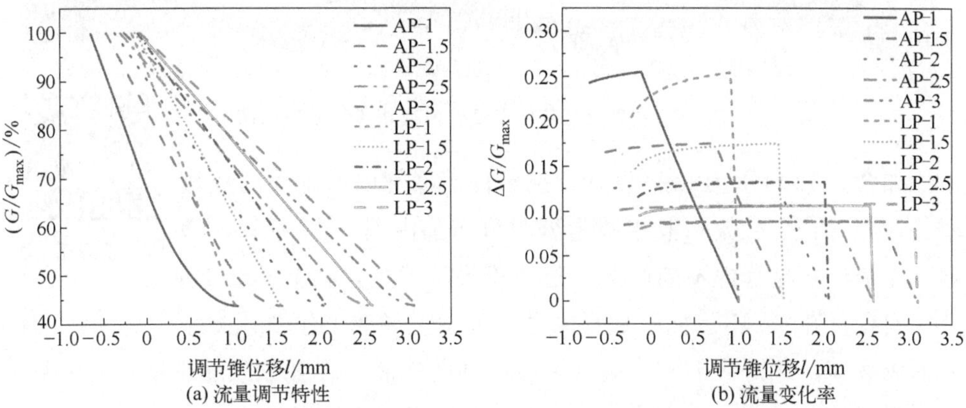

图 3-30　不同抛物线型调节锥高径比条件下的可调喷管的流量调节特性

3.6 基于流场特性分析的调节锥型线结构优化

基于流量调节特性分析，初步推荐圆弧型喷管和直线型喷管所需配备的调节锥形状。通过研究变工况条件下可调喷管流场特性和不可逆损失机理，以期对圆弧型和直线型喷管所配备的调节锥结构进行进一步优化设计。

3.6.1 可调式蒸汽引射器内部流场分析

本节以圆弧型喷管配备椭圆型调节锥为例，分析调节锥移动对引射器内流场的影响。在设计工况条件下，工作蒸汽过热度为 200℃。图 3-31 给出了变工况条件下喷管内液相质量分数云图，以综合分析调节锥运动对流场的影响。随着调节锥沿轴向从上游移动到下游，工作蒸汽质量流量从设计工况减少到设计工况的 70％。由图 3-31 可知，当过热度为 60℃时，工作蒸汽在喷管内发生非平衡冷凝，随着调节锥逐渐向下游移动，工作蒸汽质量流量逐渐减小，喷管内液相质量分数逐渐增加。然而，当过热度为 200℃时，喷管内并没有观察到非平衡冷凝现象。

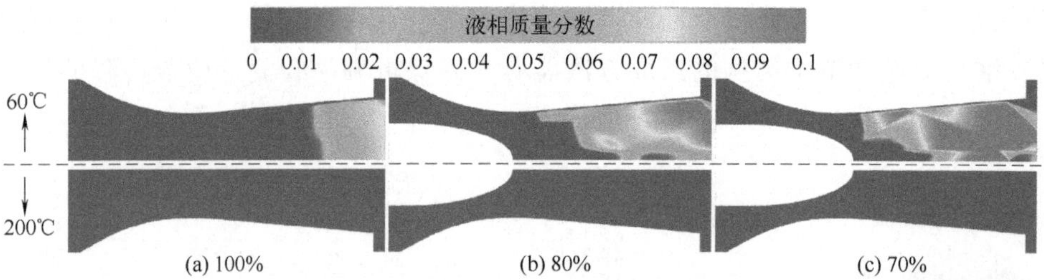

图 3-31 变工况条件下喷管内液相质量分数云图

扫码看彩图 3-31

如图 3-32 所示为 80％设计工况条件下喷管内沿轴线的成核率、过冷度、马赫数和液相质量分数分布。由图 3-32 可知，随着工作蒸汽在喷管内不断膨胀，过冷度逐渐增加，在 0.00201m 处达到最大值 25.4K，同时成核率达到峰值，导致工作蒸汽凝结，在 0.00224m 处形成液滴，即为非平衡冷凝现象。沿轴向的液相质量分数逐步增加，成核率逐渐降低。在 0.00263m 处，由于激波的作用，流体温度升高，过冷度和液相质量分数迅速下降，液滴开始蒸发。在调节锥对喷管内流场的扰动作用下，喷管内形成了激波。压缩和膨胀波系的相互作用，导致工作流体膨胀时液相质量分数增加，压缩时液相质量分数减少，这说明喷管内流体存在剧烈的传热传质过程。由图 3-32 可知，随着调节锥向下游移动，流体膨胀加剧，液滴形成的起始位置向上游移动，喷管渐扩段内的液相质量分数增大。随着调节锥向下游移动，其对流场的扰动作用增强，喷管内的激波强度增加，冷凝和蒸发的次数

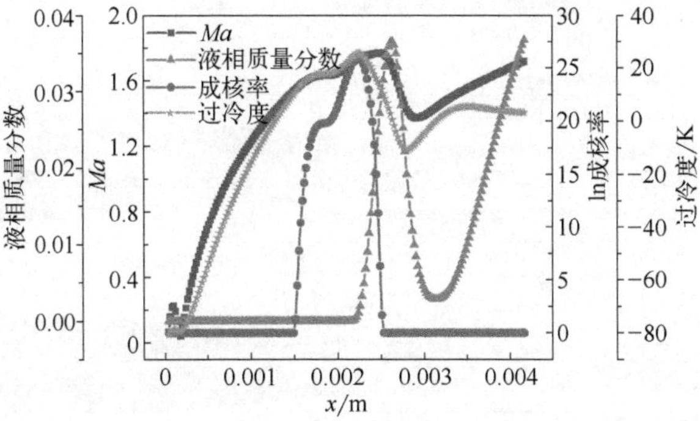

图 3-32　80%设计工况条件下喷管内沿轴线的成核率、过冷度、马赫数和液相质量分数分布

也随之增多。

图 3-33 给出了变工况条件下引射器内马赫数云图。如图 3-33（a）所示，在设计工况条件下（过热度为 200℃），流场较为均匀。但在变工况条件下，由于气流的惯性作用，调节锥头部位置出现流动分离，形成回流漩涡区，流速骤降，导致喷管内流体沿轴向形成低速带，进而对后续激波叠加产生显著影响。从图 3-33（b）和图 3-33（c）可以看出，随着调节锥沿轴向继续向下游移动，调节锥对流场的扰动作用增强，导致调节锥顶部的流动分离区域面积逐渐增大，轴线附近低速区面积增大，低速区流场参数与周围核心区的差异越来越大。调节锥的扰动使喷管内部形成连续的压缩膨胀波系。此外，在喷管内轴线低速区的影响下，随着调节锥向下游移动，吸收室和混合室中工作流体的射流核心速度和强度逐渐减小。

当工作蒸汽过热度为 200℃，且工作蒸汽质量流量降低到设计工况的 80%时，喷管出口处流体发生过膨胀，逆向压力梯度导致喷管出口内壁面产生流动分离，在分离点后形成回流涡区。分离点处产生的斜激波与反射激波相互作用，呈现出“帽状激波”特征，其后的流体马赫数较低。对于工作蒸汽过热度为 60℃的工况条件，由于冷凝过程中的传热传质效应削弱了流体膨胀强度，因此在 80%设计工况下，喷管出口未发生流动分离现象。随着调节锥向下游移动，工作蒸汽质量流量下降到设计工况的 70%，流体进一步膨胀，导致喷管出口壁面附近出现流动分离。从图 3-33 还可以看出，与工作蒸汽过热度为 200℃时的流场相比，过热度为 60℃时，流场具有以下特点：①引射器内整个流场马赫数更小；②喷管内激波强度变弱；③在设计工况下，吸收室和混合室

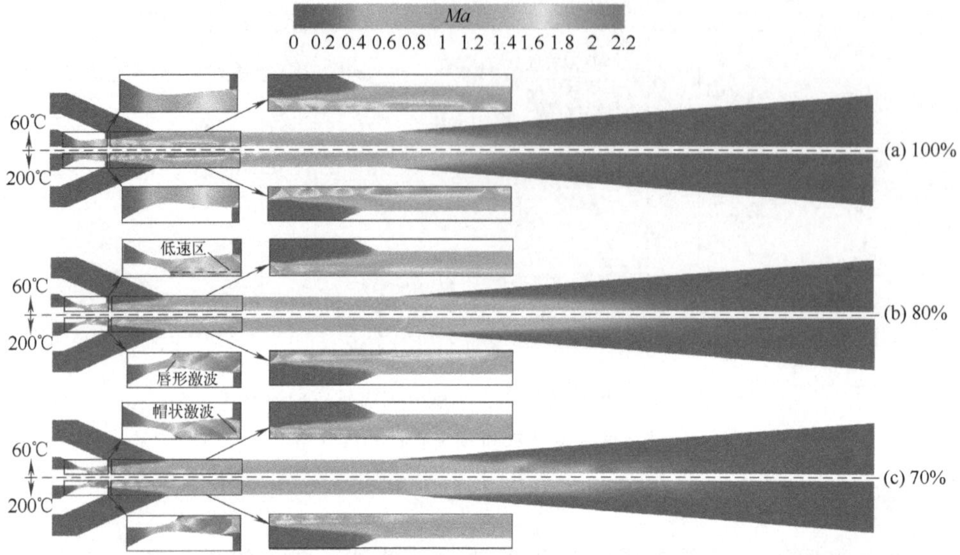

图 3-33　变工况条件下引射器内马赫数云图

扫码看彩图 3-33

的激波串强度较弱，长度较短；④在 70%和 80%的设计条件下，混合室出口的激波串强度较弱。这主要是因为相变过程中涉及的传热传质效应降低了流体的速度和速度梯度，从而削弱了激波的强度。

3.6.2　基于流动损失机理和流场特性的调节锥结构优化

3.6.2.1　可调喷管内不可逆损失分析

图 3-34 给出了圆弧型喷管配备椭圆型调节锥时，在不同工况下的熵产率云图。图 3-34 表明：

① 相比喷管中的其他激波，椭圆型调节锥头部的唇形激波和喷管出口处的“帽状激波”强度较大，造成的不可逆损失较大；

② 可调喷管内轴线附近的低速区和喷管出口近壁处的流动分离区附近熵产率较高，这是因为可调喷管内受调节锥尖端回流区影响，轴心区流体与核心区流体之间的速度梯度较大，导致动量交换强烈，湍流能量损失大，轴心区熵产率高，同样，在喷管出口处，分离涡低速区与核心区高流速区之间的剧烈动量交换也引发了高能量损失；

③ 随着调节锥逐渐介入喷管，唇形激波和“帽状激波”强度增强，熵产率随之增大；

④ 调节锥向下游移动时，轴心区的高熵产区域逐渐扩大，且喷管出口分离区的高熵产区域范围变大。

由以上分析可知，熵产率分析方法能够直接识别流动恶化区域，并定量描述不可逆损失。调节锥的结构对可调喷管内流场特性和不可逆损失具有显著影响。

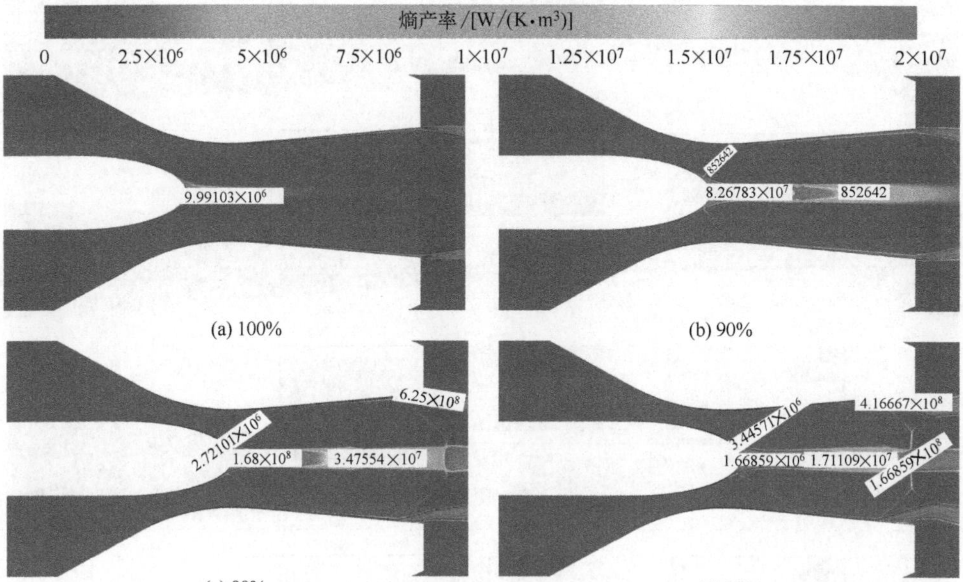

(a) 100%　(b) 90%　(c) 80%　(d) 70%

图 3-34　在不同工况条件下的熵产率云图

扫码看彩图 3-34

3.6.2.2　圆弧型喷管内调节锥结构优化

图 3-35 和图 3-36 分别给出了配备不同调节锥结构的圆弧型可调喷管的马赫数及熵产率云图。图 3-37 则给出了不同调节锥结构的圆弧型可调喷管的 PRR、引射系数和总熵产。根据图 3-37 的计算结果可知，当椭圆型调节锥的高径比从 3 减小到 1.732 时，熵产从 3.12W/K 增大到 4.21W/K。由图 3-35 和图 3-36 可以看出，导致这种现象主要有以下原因：①随着椭圆型调节锥的高径比的减小，调节锥顶部的流动分离加剧，轴线附近的低速区范围扩大，导致能量损失增大，熵产率增大；②高径比减小引起唇形激波强度增加，进而导致更大的能量损失；③随着高径比的减小，分离

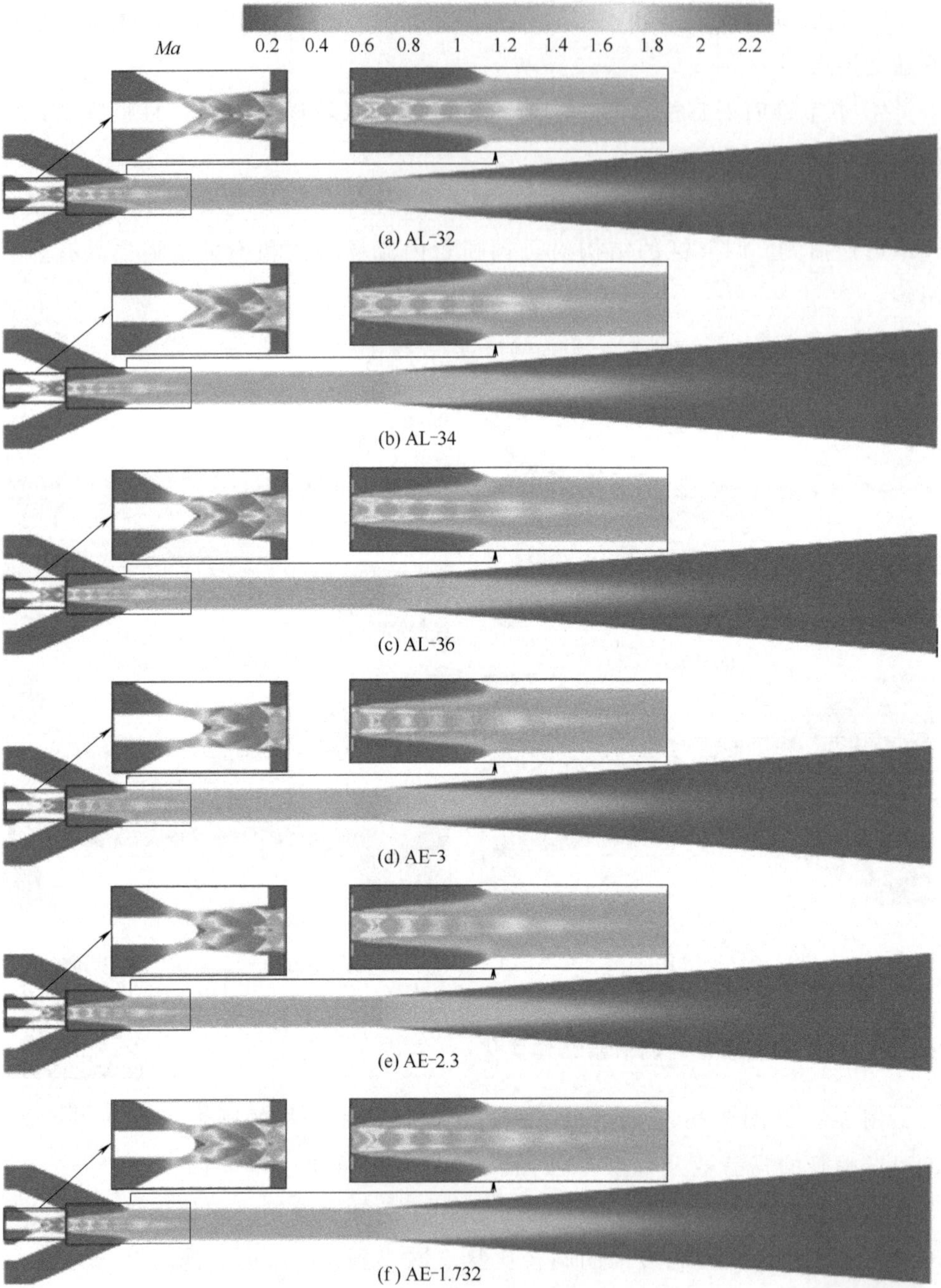

(a) AL-32

(b) AL-34

(c) AL-36

(d) AE-3

(e) AE-2.3

(f) AE-1.732

图 3-35 配备不同调节锥结构的圆弧型可调喷管的马赫数云图

扫码看彩图 3-35

点向上游移动，喷管出口附近分离区面积增大，能量损失进一步加剧。由图 3-37 可知，对于直线型调节锥，当 α_s 从 32°增加到 36°时，熵产从 2.11W/K 增加到 2.57W/K。这主要是因为

随着 α_s 的增大，调节锥顶部和轴线附近的低速区范围扩大，且喷管出口流动分离区变大，导致高熵产率区域扩大，如图 3-35 和图 3-36 所示。

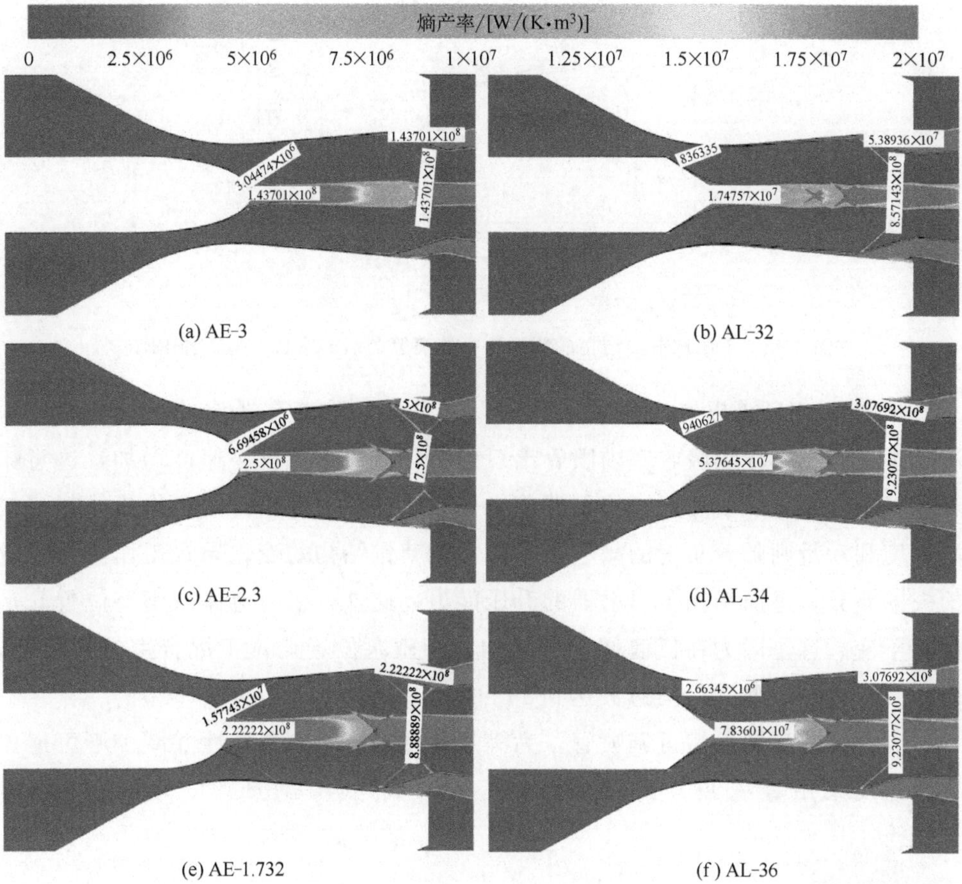

图 3-36　配备不同调节锥结构的圆弧型可调喷管的熵产率云图

扫码看彩图 3-36

从图 3-37 还可以看出，采用直线型调节锥的圆弧型喷管相比于采用椭圆型调节锥的喷管的熵产更低。由图 3-35 和图 3-36 可以发现，这是因为虽然在等效喉部附近，配备椭圆型调节锥的喷管流场较为均匀，没有形成激波串，喷管内激波数量较少，但唇形激波和“帽状激波”更强，熵产率更大。此外，椭圆型调节锥顶部和喷管出口处的流动分离现象更明显，表明椭圆型调节锥对流场的扰动更大，导致熵产更高。从图 3-37 可以看出，不同调节锥结构的引射器的引射能力基本相同，引射系数均在 1.23 左右，但直线型调节锥结构的引射器的升压比高于椭圆型调节锥结构的引射器，并且随着 α_s 从 36°减小到 32°，PRR 从 1.19 上升到 1.25。

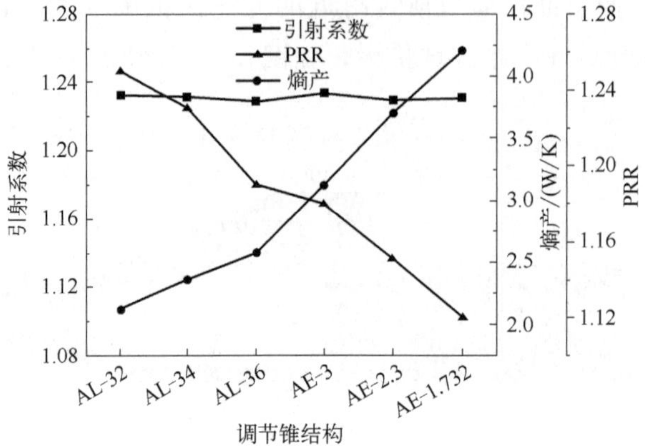

图 3-37　不同调节锥结构的圆弧型可调喷管的引射系数、熵产和 PRR

从图 3-35 还可以看出，对于椭圆形调节锥，随着高径比的增加，喷管内流动损失减小，导致吸收室内喷管出口的工作流体射流核心速度增加，这意味着动量也随之增加。对于直线型调节锥，吸收室内喷管出口的工作流体射流核心速度和动量则随着角度的减小而增加。调节锥结构的变化导致工作流体能量损失的差异，进而影响了引射器的升压能力。此外，引射流体的壅塞位置几乎保持不变。这是因为在任何调节锥结构下，壅塞位置均位于混合室的入口处，即壅塞流体在该位置的马赫数达到 1。

因此，对于圆弧型可调喷管，为满足理想的流量调节特性并减少不可逆损失，建议采用直线调节锥，当 R_c 为 $4R_t$，R_s 为 $0.75R_t$ 时，建议 α_s 取值为 32°。

3.6.2.3　直线型喷管内调节锥结构优化

图 3-38 给出了不同椭圆型调节锥结构的直线型可调喷管的马赫数云图。图 3-39 给出了不同椭圆型调节锥结构的直线型可调喷管的熵产率云图。图 3-40 给出了配备不同调节锥结构的直线型可调喷管的引射系数、熵产和 PRR。随着椭圆调节锥高径比的增大，调节锥在喷管渐扩段的介入范围扩大，对流场的扰动增强，导致轴线附近的低速区范围增大，熵产率增大。此外，随着高径比的增大，“帽状激波”强度增大，其后的低速区范围增大，进一步加剧了不可逆损失，导致熵产率增大。随着高径比从 1.5 增加到 4，熵产从 3.92W/K 上升至 4.68W/K，PRR 从 1.17 降低到 1.07，而引射系数基本保持不变。从图 3-39 中还可以看出，随着调节锥高径比的增大，喷管内流动损失

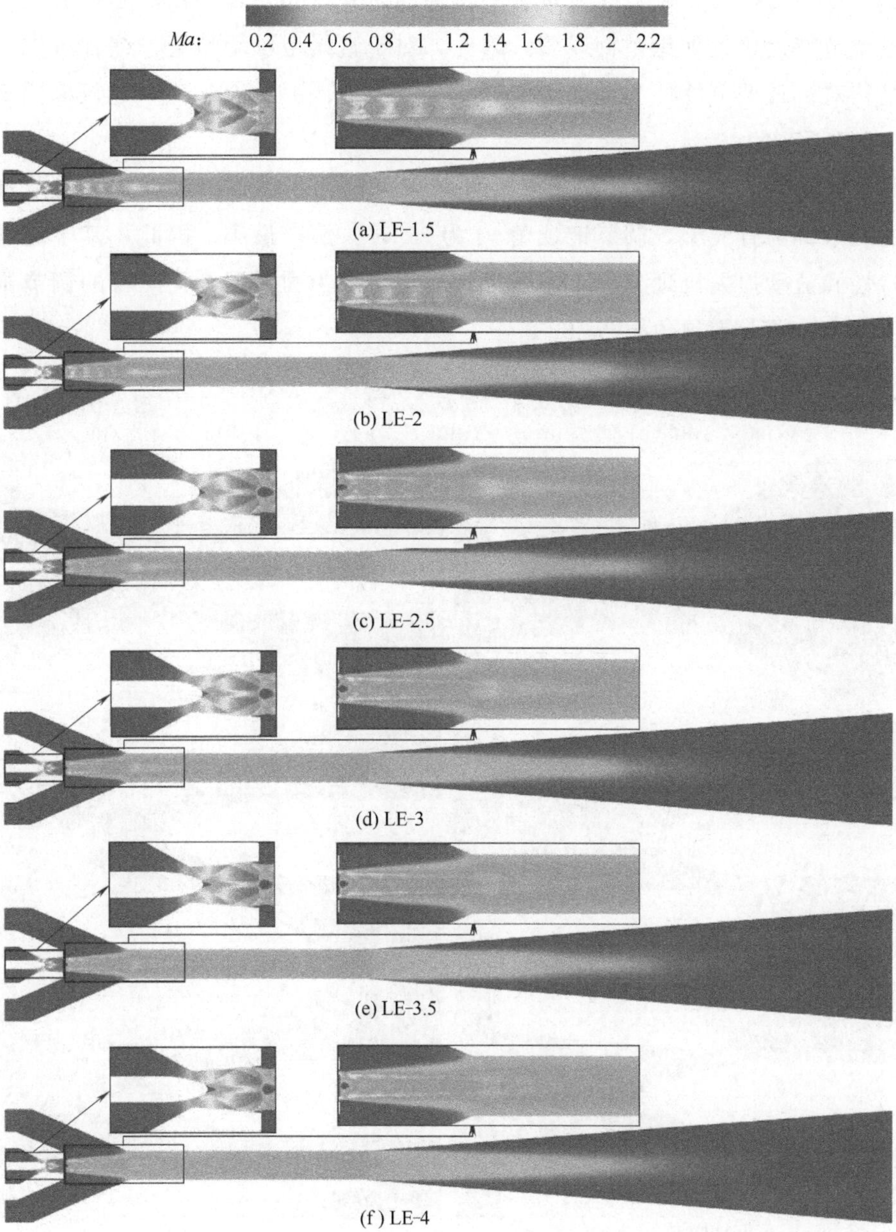

图 3-38 不同椭圆型调节锥结构的直线型可调喷管的马赫数云图

减小，导致吸收室内喷管出口工作流体射流核心速度和动量增大，并且引射流体的壅塞位置保持不变。

扫码看彩图 3-38

因此，基于流动损失机理分析，椭圆型调节锥的高径比越小，不可逆流动损失越小，引射器的升压比越大。然而，根据 3.5 节对椭圆型调节锥流量调节特性的研究可知，高径比应尽可能大，使流量调节特性接近理想抛物线型。因此，对于直线型可调喷管，综合考虑调节锥结构对流量调节特性和流动损失的影响，当 R_s 为 $0.75R_t$ 时，建议椭圆型调节锥的高径比为 3。

对比图 3-37 和图 3-40 的熵产计算结果可知，当喷管型线为圆弧型，且配备的调节锥为直线型，调节锥顶角 α_s 为 32°时，熵产最小。因此，基于流量调节特性和流动损失机理分析，本书推荐喷管型线为圆弧型，且配备的调节锥应为直线型，调节锥顶角 α_s 为 32°。

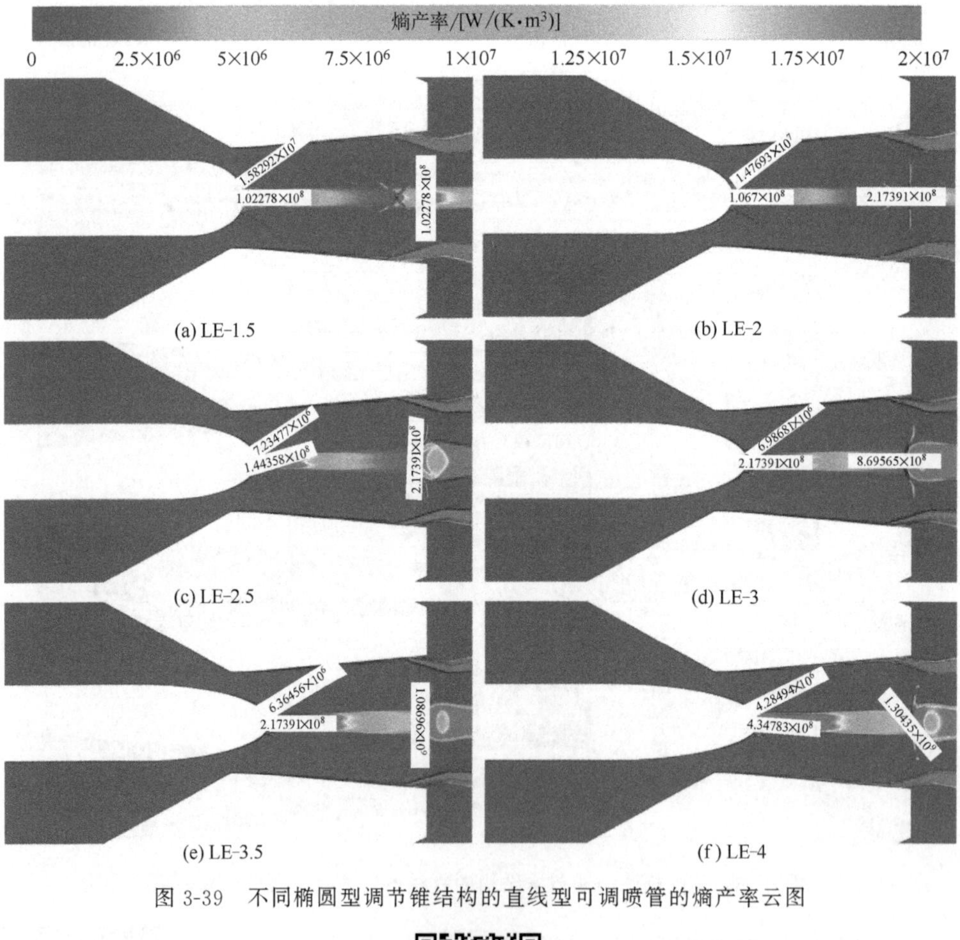

图 3-39　不同椭圆型调节锥结构的直线型可调喷管的熵产率云图

扫码看彩图 3-39

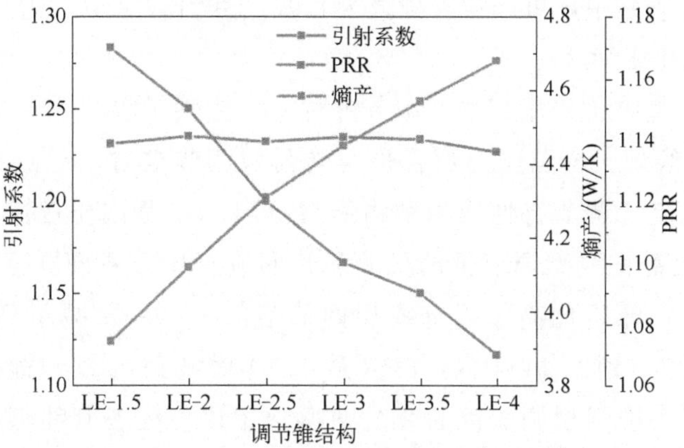

图 3-40　不同调节锥结构的直线型可调喷管的引射系数、熵产和 PRR

3.7　本章小结

本章提出了一种可调喷管等效喉部面积的计算方法，建立了不同调节锥结构的可调喷管流量调节特性的计算方法，同时建立了可压缩熵产率的计算方法。首先，基于流场特性，优化了喷管结构。然后，根据可调喷管的流量调节特性，耦合优化了喷管和调节锥的结构。最后，采用 CFD 方法结合熵产分析，基于流动损失机理对调节锥结构进行进一步优化。主要研究结果如下。

① 综合考虑喷管出口流场均匀性、引射系数和 PRR，建议 α_d 为 4°～5°，R_d 为 $8R_t$～$9R_t$。优化后的圆弧型引射器比直线型引射器的各部件（喷管、吸收室和混合室）产生的熵产更小。在设计工况条件下，与采用直线型喷管的引射器相比，采用圆弧型喷管时，引射系数由 1.03 提高到 1.16，PRR 提高了 5.35%，喷管出口流场的 σ_M 降低了 94%。

② 由喷管内流场特性分析可知，当 R_c 大于或等于 $4R_t$ 时，流场均匀性较好。而根据可调喷管流量调节特性分析可知，R_c 应尽可能小，以保证可调引射器在流量调节过程中的稳定性和灵敏度。综合考虑后，推荐 R_c 为 $4R_t$。

③ 对于直线型可调喷管，当配备椭圆型调节锥时，流量调节特性与抛物线型流量调节特性最相似。随着椭圆型调节锥高径比的增大，流量调节特性逐渐趋近于抛物线型。在工作蒸汽质量流量为设计工况 70% 的条件下，随着高径比从 1.5 增加到 4，熵产从 3.92W/K 增加到 4.68W/K，升压比从 1.17 降低

到 1.07。在本研究中，可调喷管型线为直线，且当 $R_s=0.75R_t$ 时，推荐椭圆型调节锥的高径比为 3。

④ 当圆弧型喷管采用直线型调节锥时，α_s 应大于等于 32°，使流量调节特性为理想抛物线型。当圆弧型喷管采用椭圆型调节锥时，任意椭圆型调节锥的高径比，其流量调节特性均为抛物线型。当工作蒸汽质量流量为设计工况的 70%时，配备直线型调节锥的可调喷管的熵产比配备椭圆型调节锥的可调喷管的熵产小，升压比高。当直线型调节锥的 α_s 从 36°减小到 32°时，熵产从 2.57W/K 减小到 2.11W/K，PRR 从 1.19 增大到 1.25。此外，由熵产分析可知，与配备椭圆型调节锥的直线型喷管相比，配备直线型调节锥的圆弧型喷管能量损失较小。因此，为提高引射器性能，本书建议采用圆弧型喷管，且调节锥型为直线型，α_s 为 32°。

⑤ 本章揭示了可调喷管内流动损失机理。可调喷管高熵产率来自以下三个方面：a. 调节锥头部的唇形激波和“帽状激波”强度较大；b. 由于调节锥顶部的流动分离，轴线附近的流体速度较低，轴线附近的流体与核心区流体之间的速度梯度较大；c. 在调节锥头部和喷管出口处的分离区附近，分离涡的低速区与核心流体的高速区之间的动量交换剧烈。

第4章 引射器性能研究

尽管引射器的结构形式相对简单，但其内部流动过程却极为复杂，具有高雷诺数、强剪切和强湍流等典型特征。在此类复杂流动条件下，传统的一维理论方法在分析和预测引射器内部流场方面存在明显局限，尤其无法有效评估吸收室角度、混合室长度及喷嘴间距等关键结构参数对引射性能的具体影响。与此同时，虽然实验研究在揭示流动机理方面具有重要作用，但受限于其周期长、成本高的特点，难以广泛应用于引射器结构的快速迭代与优化设计中。近年来，随着 CFD 技术的持续进步，数值模拟已日益成为研究引射器内部流动特性和开展结构参数优化的重要手段。CFD 技术不仅能够提供精细的流场分布信息，还能系统分析结构变动对性能的影响，为高效引射器的设计提供了可靠的理论基础和工程指导。

在第 3 章中，已对喷管与调节锥结构对引射器性能的影响进行了系统分析。本章将在研究工况参数对引射器性能影响的基础上，进一步探讨吸收室的角度、混合室长度及喷嘴间距等关键结构参数对引射器整体性能的影响。

4.1 单相引射器数值模拟

4.1.1 求解方法及边界条件

引射器工作流体进口压力 $p_p=11\text{MPa}$，温度 $t_p=500℃$，流量 $G_p=0.9\text{t/h}$，引射流体压力 $p_s=2.5\text{MPa}$，温度 $t_s=300℃$，流量 $G_s=0.9\text{t/h}$。本章根据一

维理论模型计算获得了引射器的关键径向尺寸。图 4-1 给出了本章所研究的可调式引射器的结构示意，具体几何结构参数如表 4-1 所示。

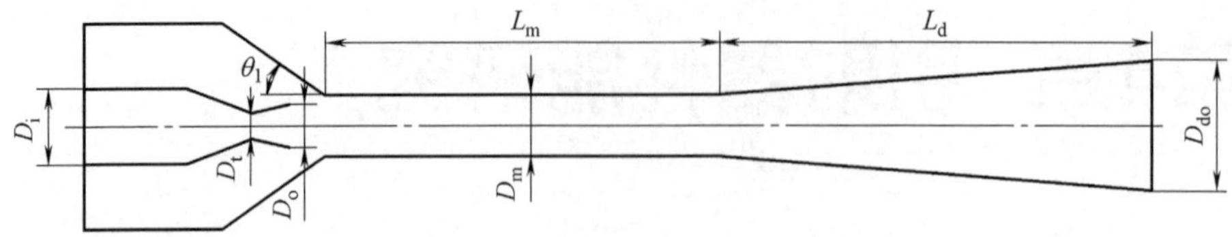

(a) 引射器

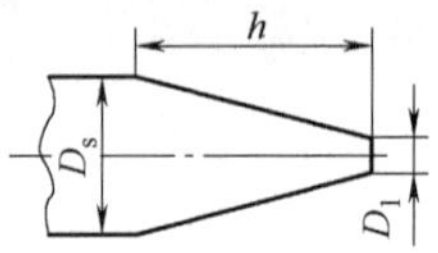

(b) 调节锥

图 4-1　可调引射器的结构示意

表 4-1　可调引射器几何结构参数

名称	数值
喷管进口直径 D_i/mm	15.24
喷管喉部直径 D_t/mm	5.08
喷管出口直径 D_o/mm	6.02
混合管喉部直径 D_m/mm	12.25
扩压管出口直径 D_{do}/mm	42.62
等截面混合管长度 L_m/mm	85.75
扩压管长度 L_d/mm	197.41
吸收室角度 θ/(°)	15

本章采用隐式求解器对非线性控制方程进行离散求解，同时采用二阶迎风格式对对流项进行离散，压力速度耦合方程采用 Coupled 算法进行求解。水蒸气物性调用 NIST 数据库，采用 SST k-ω 模型来模拟求解引射器内部的湍流流动。在边界条件的设置中，工作流体和引射流体入口选择压力进口边界条件，引射器的出口设置为压力出口边界条件。

本章采用 ICEM 作为网格生成工具，为了更好地反映流场的真实情况，需要对引射器的重要位置（壁面边界层和速度变化剧烈的位置）进行加密处理，在壁面边界层和速度梯度较大处进行了局部加密，如图 4-2 所示。经网格无关性验证后，引射器网格数为 350000 个结构化网格单元。

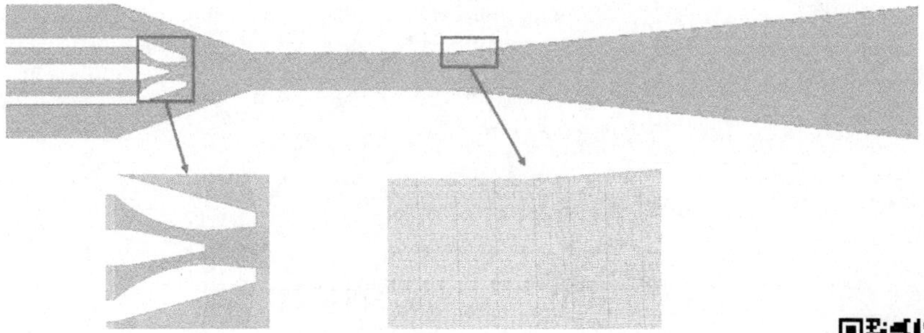

图 4-2　引射器网格划分

扫码看彩图 4-2

4.1.2　工况参数

引射流体压力和工作流体压力保持不变时，引射器在不同背压下的运行状态将发生转变，从而影响引射效率和引射系数的变化趋势。图 4-3 给出了设计工况（p_p＝11MPa 和 t_p＝500℃、p_s＝2.5MPa 和 t_s＝300℃）条件下，引射系数随背压变化的趋势。由图 4-3 可知，随着背压的不断升高，引射器的工作状态将由临界模式逐步过渡至亚临界模式，并在背压进一步增加时进入回流模式。当背压低于 3.75MPa 时，引射器处于临界工作状态，引射流体和工作流体均达到壅塞，系统内部流动稳定，引射系数保持在 1.08 左右。此时，引射器具有较强的抗背压能力。背压超过 3.75MPa 时，引射器进入亚临界工作状态，混合流体在混合室内不再壅塞，甚至在部分区域发生流动回流现象，混合效果显著降低，引射器的性能明显退化，引射系数迅速下降。若背压继续升高，超过引射器所能维持的稳定混合阈值，引射器内部将出现严重的回流，流场不稳定，引射系数趋近于零。

图 4-4 给出了设计工况（p_s＝2.5MPa、t_s＝300℃和 p_b＝3.75MPa）条件下，引射系数随工作流体压力变化的趋势。由图 4-4 可知，随着工作流体压力的增加，引射系数呈现先升高后降低的变化规律。当工作流体压力较低时，工作蒸汽能量和动量较低，驱动力不足，混合流体未能在混合室加速至超声速状态，引射器处于亚临界工作模式，引射性能受限。随着工作流体压力的逐渐增加，当其达到最优值时，引射器进入临界工作模式，此时系统达到最佳引射状

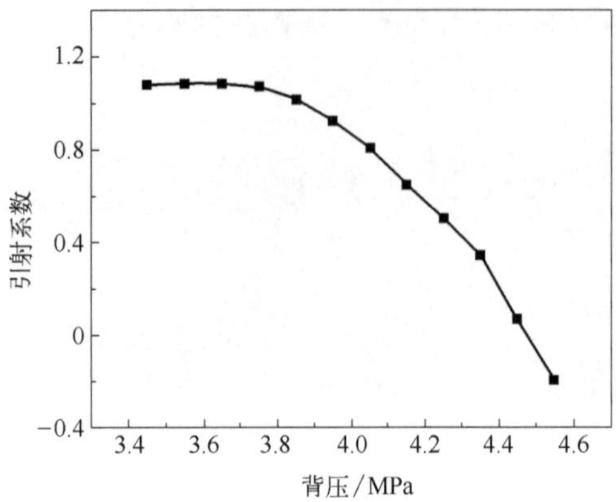

图 4-3　引射系数随背压变化趋势

态。若继续提高工作流体压力，则会导致喷管出口压力升高，使得其与引射流体之间的压差减小，进而削弱引射能力，引射系数随之降低。此外，工作流体压力过高还会增强第二激波的强度，导致更为显著的能量损失，进一步影响引射器的总体性能表现，致使引射系数下降，系统效率降低。

图 4-5 给出了设计工况（$p_p=11MPa$、$t_p=500℃$ 和 $p_b=3.75MPa$）条件下，引射系数随引射流体压力变化的趋势。可以发现随着引射流体压力的增加，引射系数逐渐增加。这是因为当引射流体压力较小时，喷管出口处工作流体和引射流体的压差较小，引射流体的流动驱动力较小，因此引射系数较小；随着引射流体压力的增大，引射流体和工作流体的压差增加，引射器逐渐由亚临界运行模式过渡到临界运行模式，引射能力增强，引射系数增大。

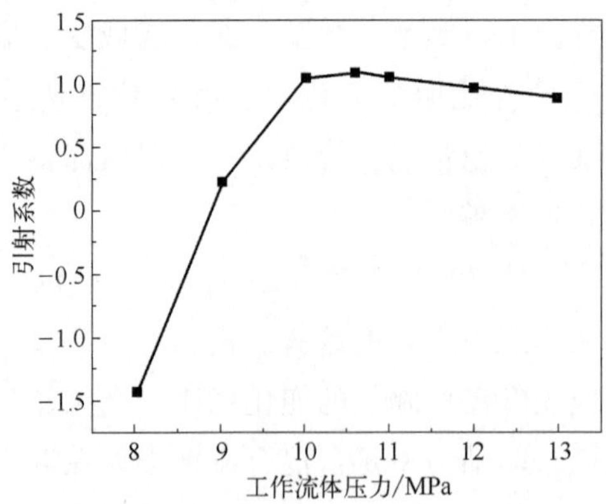

图 4-4　引射系数随工作流体压力变化趋势

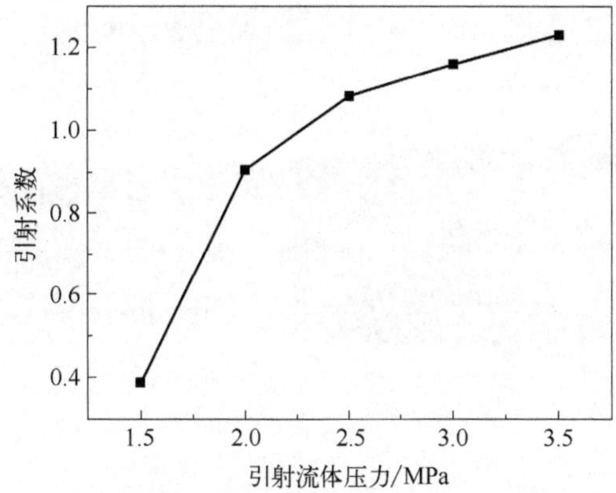

图 4-5　引射系数随引射流体压力变化趋势

4.1.3　吸收室角度

吸收室角度 θ 被定义为吸收室锥顶角的一半。图 4-6 给出了设计工况（p_p=11MPa 和 t_p=500℃、p_s=2.5MPa 和 t_s=300℃）条件下，引射系数随吸收室角度变化的规律。图 4-7 给出了不同吸收室角度条件下引射器内的速度云图分布。从图 4-6 中可以看出，随着吸收室角度的增加，引射系数呈现先快速上升后相对缓慢下降的变化趋势。存在最佳的吸收室角度，可使引射系数达到最大值。由图 4-7 可知，吸收室角度较小时，引射流体在吸收室内壁产生漩涡，挤占引射流体流动空间，影响两种流体的混合效果；吸收室角度过大，引射流体和工作流体流向不平行，工作流体和引射流体混合效果较差，所以吸收室角度存在最佳值。综合考虑加工成本和引射性能，推荐在本章设计工况条件下，吸收室角度为 15°。

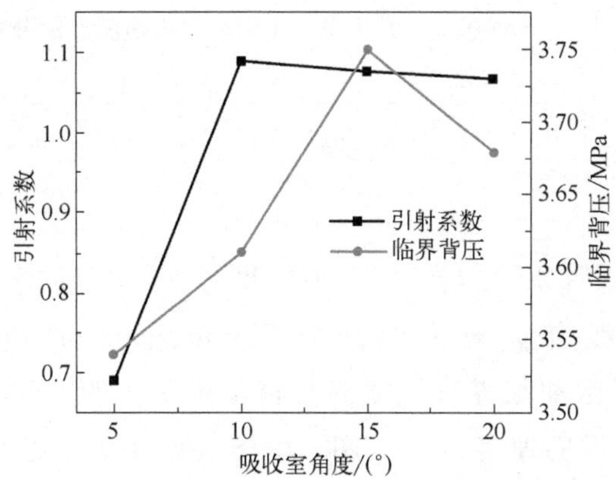

图 4-6　引射系数随吸收室角度变化规律

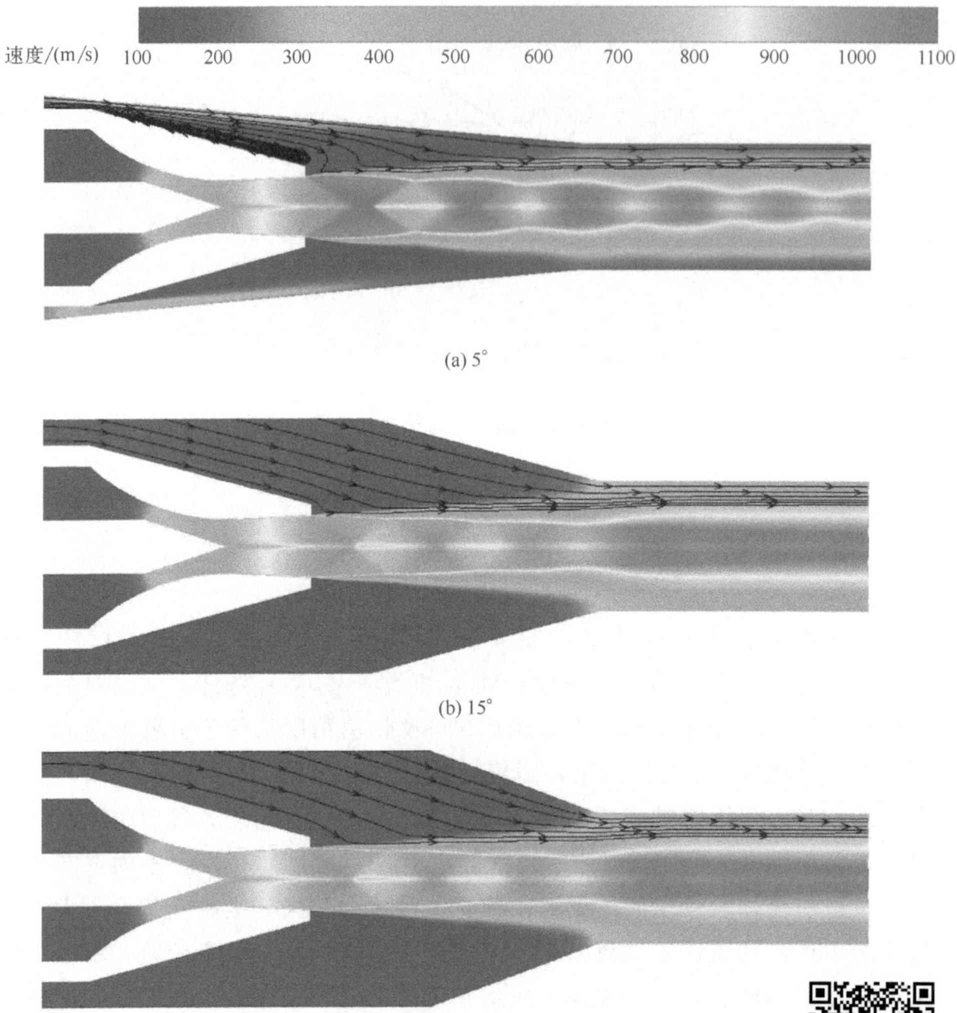

(a) 5°

(b) 15°

(c) 20°

图 4-7　不同吸收室角度条件下引射器内速度云图分布

扫码看彩图 4-7

4.1.4 混合室长度

图 4-8 给出了设计工况（p_p＝11MPa 和 t_p＝500℃、p_s＝2.5MPa 和 t_s＝300℃）条件下，混合室长度分别为 70mm、80mm、90mm、100mm 和 110mm 时，引射系数和临界背压随混合室长度变化的规律。图 4-9 给出了不同混合室长度条件下的速度分布云图。由图 4-8 可知，随着混合室长度的增加，引射系数先逐渐增大，之后趋于恒定。在混合室长度为 80mm 时，引射系

数达到最大值 1.08。随着混合室长度进一步增大，引射系数基本保持不变。由图 4-8 还可以看出，临界背压随混合室长径比先逐渐增加到最大值，后逐渐减小。分析其原因：混合室长度过小时，无法为混合后流体的减速升压过程提供所需要的长度空间，因此长径比越小，临界背压越小。但是流体的混合以及减速升压过程所需要的纵向空间一定，当混合室长度大于一定值时，随着混合室长度继续增大，流动损失增加，因此混合室长度不宜过大。

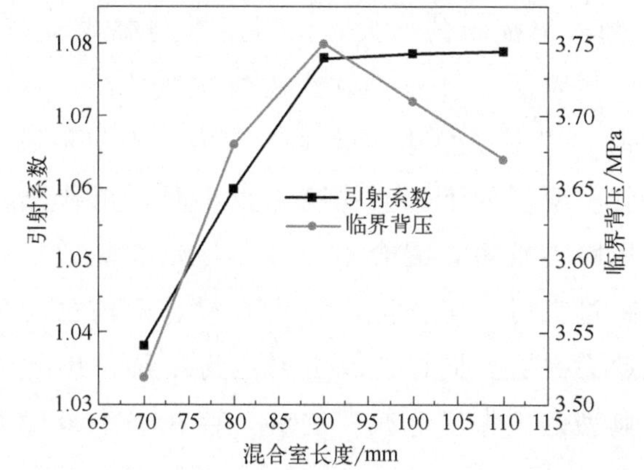

图 4-8　引射系数和临界背压随混合室长度的变化规律

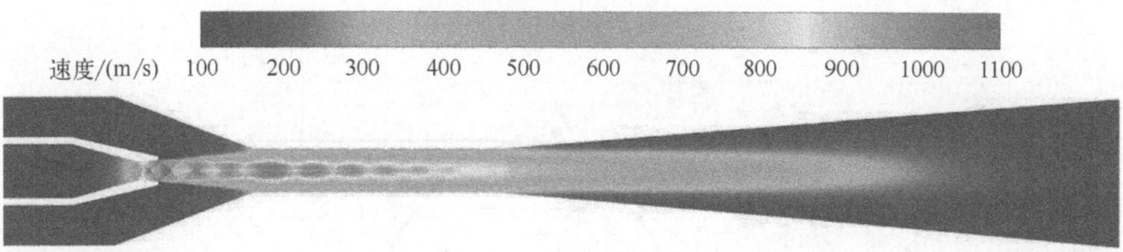

(a) 70mm

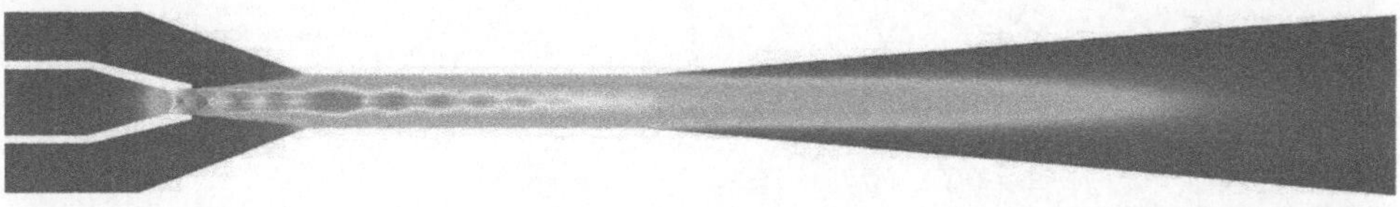

(b) 80mm

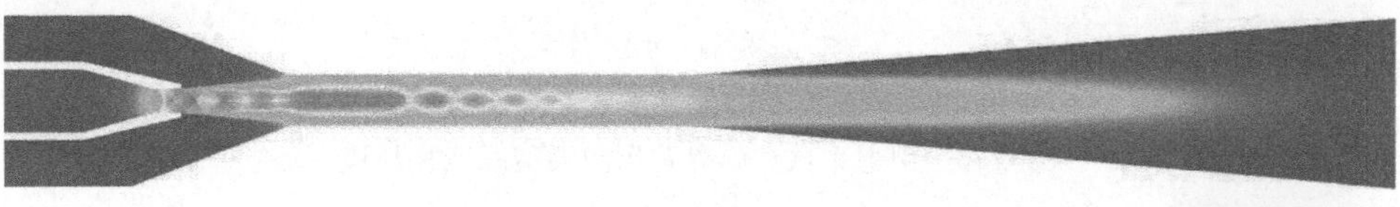

(c) 100mm

图 4-9　不同混合室长度条件下速度分布云图

扫码看彩图 4-9

4.1.5 喷嘴距

图 4-10 给出了设计工况（p_p=11MPa 和 t_p=500℃、p_s=2.5MPa 和t_s=300℃）条件下，当喷嘴距 NXP 分别为 0、10mm、20mm、27mm、30mm、40mm 和 50mm 时，引射系数和临界背压随喷嘴距的变化规律。由图 4-10 可知，随着喷嘴距的增大，引射系数与临界背压先上升后下降，说明存在一个最优喷嘴距，可使引射器达到最佳性能。在设计工况下，当喷嘴距为 27mm 时，引射系数达到最大值 1.08，对应的临界背压也达到最大值。其物理机制可解释如下：当喷嘴距较小时，工作蒸汽进入混合室后与引射蒸汽的作用距离较短，混合不充分，导致卷吸效果较差，引射能力受限；而当喷嘴距过大时，工作蒸汽在进入混合室前已过度膨胀，部分能量被耗散，其驱动力减弱，同样造成引射能力下降。因此，引射系数随喷嘴距的变化呈现典型的“先增后减”趋势，存在一个最优喷嘴距使得性能最优。

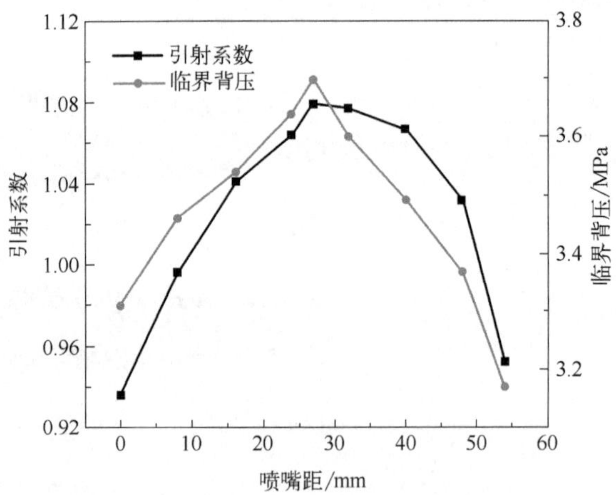

图 4-10　引射系数和临界背压随喷嘴距变化规律

图 4-11 给出了不同 NXP 条件下的速度分布云图。由图 4-11 可知，喷嘴距过小时，混合室内流体激波强度较高，流体混合效率较低。然而，当喷嘴距过大时，流动损失较大，降低了混合流体的升压能力。

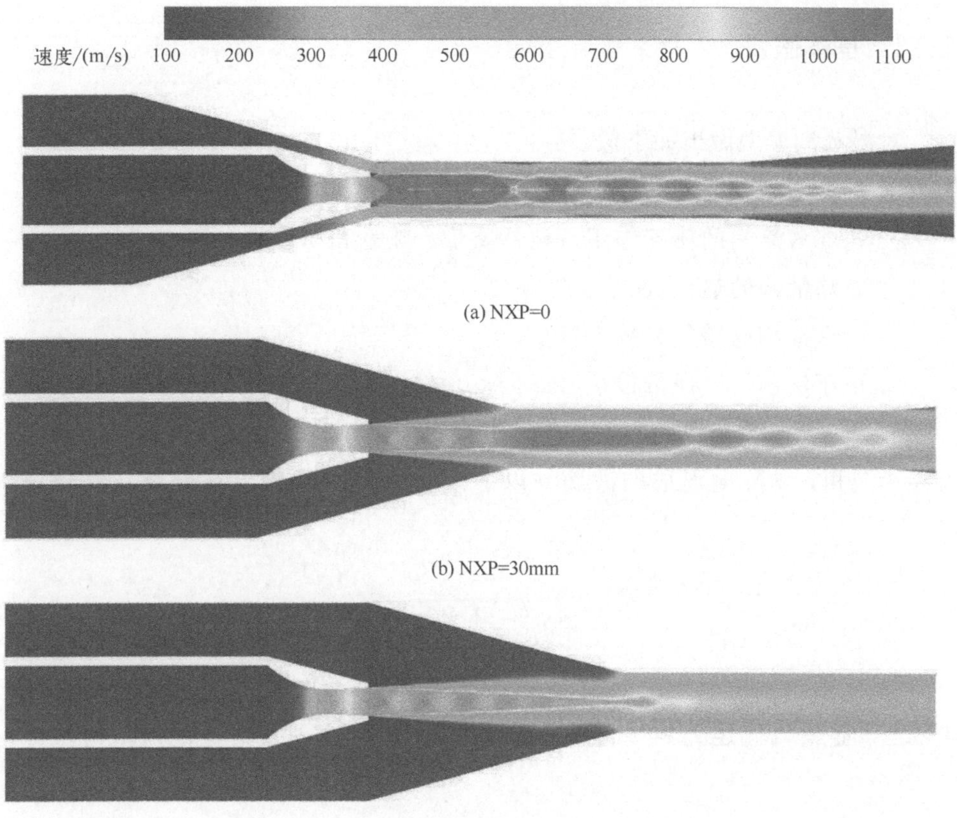

(a) NXP=0

(b) NXP=30mm

(c) NXP=50mm

图 4-11　不同 NXP 条件下引射器内速度云图分布

扫码看彩图 4-11

4.2　两相引射器数值模拟

本研究以一台 240t/h 大流量蒸汽引射器为研究对象，其典型工况参数见表 4-2。为深入揭示引射器内部的相变机理与非平衡冷凝特性，计算中引入了湿蒸汽模型（wet steam model），以更真实地反映气液两相流动过程。

表 4-2　引射器典型工况参数

工况	工作蒸汽		引射蒸汽	
	压力/MPa	温度/℃	压力/kPa	温度/℃
1	0.6	260	31	69.9
2	0.6	260	22	62.2

4.2.1 基本假设

对湿蒸汽模型做出如下假设：

① 液滴与气相之间的速度滑移可忽略不计；

② 忽略液滴间的相互作用，包括质量、热量和动量的交换；

③ 忽略液滴的热容量；

④ 冷凝液相的质量分数 β 较小；

⑤ 由于液滴尺度通常很小（0.1～100μm），因此液相体积分数可以忽略。

湿蒸汽是由两相组成的混合物。主相为气相，即水蒸气（以下标 v 表示）；次相为液相，即冷凝形成的液滴（以下标 l 表示）。根据上述假设，混合物密度为

$$\rho=\frac{\rho_{\mathrm{v}}}{1-\beta} \tag{4-1}$$

4.2.2 湿蒸汽输运方程

（1）冷凝液相质量分数 β 的输运方程

$$\frac{\partial\rho\beta}{\partial t}+\nabla(\rho\vec{v}\beta)=\Gamma \tag{4-2}$$

式中 Γ——由于冷凝和蒸发引起的质量生成率。

（2）液滴数密度输运方程

$$\frac{\partial\rho\eta}{\partial t}+\nabla(\rho\vec{v}\eta)=\rho I \tag{4-3}$$

式中 I——成核速率，即单位体积、单位时间内新生成的液滴的数量。

平均液滴体积定义为

$$V_{\mathrm{d}}=\frac{4}{3}\pi r_{\mathrm{d}}^{3} \tag{4-4}$$

式中 r_{d}——液滴半径。

单位体积内的液滴数密度 η 可由式（4-5）确定。

$$\eta=\frac{\beta}{(1-\beta)V_{\mathrm{d}}\dfrac{\rho_{\mathrm{l}}}{\rho_{\mathrm{v}}}} \tag{4-5}$$

式中　ρ_{l}——液相密度。

4.2.3　相变模型假设

在描述相变过程中，进一步做如下假设：

① 冷凝过程为均匀冷凝（无杂质作为成核核心）；

② 液滴生长以平均半径为代表；

③ 液滴为理想球形；

④ 液滴被无限大的蒸汽空间包围；

⑤ 液滴的热容相较于冷凝释放的潜热可忽略。

4.2.4　成核与液滴生长模型

依据经典成核理论，液滴的质量生成率 Γ 包含两部分：成核作用引起的质量增加和液滴生长或消亡导致的质量变化。

$$\Gamma=\frac{4}{3}\pi\rho_{\mathrm{l}}Ir_{*}^{3}+4\pi\rho_{\mathrm{l}}\eta\bar{r}^{2}\frac{\partial\bar{r}}{\partial t} \tag{4-6}$$

式中　$\bar{r}$——液滴平均半径；

r_{*}——临界液滴半径。

当液滴半径大于 r_{*} 时会继续生长，小于 r_{*} 时将蒸发。临界半径计算式为

$$r_{*}=\frac{2\sigma}{\rho_{\mathrm{l}}RT\ln S} \tag{4-7}$$

式中　σ——液体在温度 T 下的表面张力；

ρ_{l}——液体密度；

R——气体常数；

S——过饱和比。

$$S=\frac{P}{P_{\mathrm{sat}}(T)} \tag{4-8}$$

式中　P——蒸汽压力；

$P_{sat}(T)$——对应温度下的饱和压力。

Hill 提出的液滴生长模型认为，冷凝过程包含两种机理：蒸汽向液滴的质量传递，以及液滴向蒸汽的潜热传递。其数学表达式为

$$\frac{\partial r}{\partial t}=\frac{P}{h_{lv}\rho_l\sqrt{2\pi RT}}\times\frac{\gamma+1}{2\gamma}c_{pv}(T_0-T) \tag{4-9}$$

式中 T_0——温度；

h_{lv}——蒸发潜热；

c_{pv}——蒸汽定压比热容；

γ——比热比；

R——气体常数。

Hill 模型能够较好地预测喷管流动中的 Wilson 点压力上升，但往往低估平均液滴尺寸。为改善 Hill 模型在液滴尺寸预测上的不足，Young 提出了可调参数的液滴生长公式。

$$\frac{\partial r}{\partial t}=\frac{k_v\Delta T(1-\bar{r})}{\rho_l h_{lv}r\left[\dfrac{1}{1+2\beta Kn}+3.78(1-\upsilon)\dfrac{Kn}{Pr}\right]} \tag{4-10}$$

式中 ΔT——蒸汽过冷度，$\Delta T=T_s-T$；

T_s——给定压力下的饱和温度；

υ——修正因子。

$$\upsilon=\frac{RT_s}{h_{lv}}\left(\alpha-0.5-\frac{2-\alpha_c}{2\alpha_c}\times\frac{\gamma+1}{\gamma}\times\frac{c_{pv}T}{h_{lv}}\right) \tag{4-11}$$

式中 Kn——Knudsen 数，$Kn=\bar{l}/2r$；

$\bar{l}$——分子平均自由程，$\bar{l}=1.5\mu_v\sqrt{RT}/p$；

μ_v——蒸汽动力黏度；

k_v——蒸汽热导率；

Pr——蒸汽 Prandtl 数，$Pr=\mu_v c_{pv}/k_v$；

α——调节凝结系数的模型参数；

β——调节自由分子过程和连续过程之间过渡的模型参数。

经典均匀成核理论认为，在无杂质或异质颗粒存在的情况下，液滴从过饱和蒸汽中形成。其稳态成核率公式为

$$I=\frac{q_c}{1+\theta}\times\frac{\rho_v^2}{\rho_l}\sqrt{\frac{2\sigma}{M_m^2\pi}}\exp\frac{4\pi r_*^2\sigma}{3k_B T} \tag{4-12}$$

式中　q_c——蒸发系数；

k_B——玻尔兹曼常数；

M_m——单个分子的质量；

σ——液体表面张力；

ρ_l——液相密度。

为修正非等温效应，引入修正因子 θ。

$$\theta=\frac{2(\gamma-1)}{\gamma+1}\times\frac{h_{lv}}{RT}\left(\frac{h_{lv}}{RT}-0.5\right)$$

式中　h_{lv}——蒸发潜热；

γ——比热比。

4.2.5　求解方法及边界条件

（1）计算模型

引射器内部流动过程假定为稳态可压缩流动。为准确描述蒸汽在膨胀、混合和冷凝过程中的非平衡特性，采用湿蒸汽模型表征相变效应。该模型通过引入液滴质量分数输运方程与液滴数密度输运方程，能够同时考虑冷凝液滴的生成、增长和蒸发过程，从而实现对两相流动特性的物理一致性描述。湍流采用 SST k-ω 模型，其优势在于兼顾自由剪切流和近壁区的模拟精度，能够较好地捕捉卷吸区和激波串区的湍流特征。

（2）数值离散与求解策略

控制方程采用有限体积法进行离散，对流项使用二阶迎风格式以提高数值精度，同时保持计算的稳定性。压力-速度耦合通过 Coupled 算法实现，该方法在处理高速可压缩流时具有较好的收敛性和稳定性。计算过程中引入能量方程与相变源项，确保在强膨胀与非平衡冷凝条件下模拟结果的热力学一致性。

（3）边界条件设置

工作蒸汽入口：采用压力入口（pressure inlet）边界条件，给定总压、总温以及流量参数；湍流强度和黏度比根据经验公式设定。

引射蒸汽入口：同样设置为压力入口，指定相应的静压和温度，用以驱动引射蒸汽进入混合室。

出口：设置为压力出口（pressure outlet）边界条件，出口背压根据不同工况分别取值。

壁面：引射器内壁采用无滑移边界条件，壁面温度采用绝热假设，以简化传热效应。

对称性：对于几何对称的引射器结构，可设置为二维轴对称模型以降低计算量。

4.2.6 网格划分

采用 ICEM 进行网格划分，生成约 85 万个结构化单元。在喷管喉部、混合段入口及壁面边界层处进行局部加密，以捕捉强梯度区域的流动特征。通过网格加密验证计算结果的独立性，在保证精度的前提下兼顾计算效率。图 4-12 给出了两相引射器网格划分。

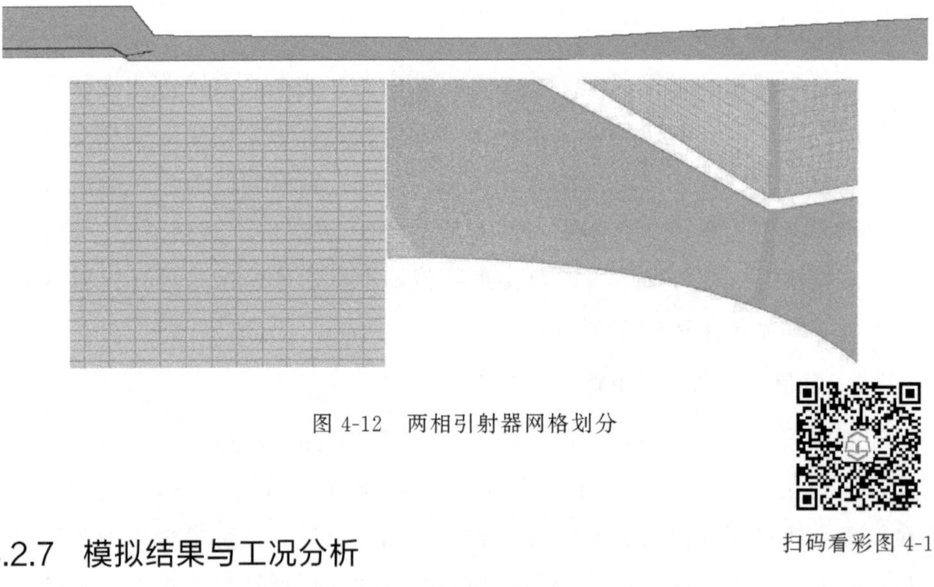

图 4-12　两相引射器网格划分

扫码看彩图 4-12

4.2.7 模拟结果与工况分析

在设计工况下（动力蒸汽 0.6MPa，260℃；被引蒸汽 31kPa，96℃），图 4-13～图 4-15 分别给出了两相引射器速度云图、马赫数云图和压力云图。设计工况下的引射系数和升压比分别为 1.4 和 1.7。由速度场分布可知，工作蒸汽经喷管喉部膨胀后在下游形成显著的高速射流核心区，峰值速度超过 1000 m/s，并随着轴向发展逐渐衰减和扩展。核心区外缘与引射蒸汽之间形成

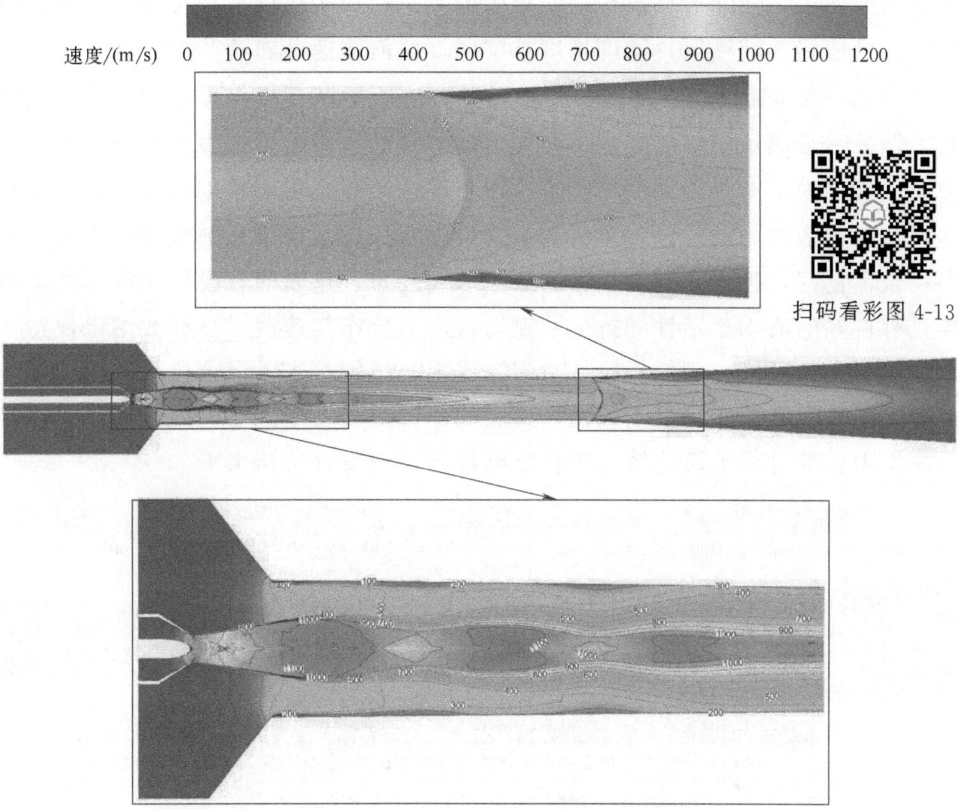

扫码看彩图 4-13

图 4-13 设计工况条件下两相引射器速度云图

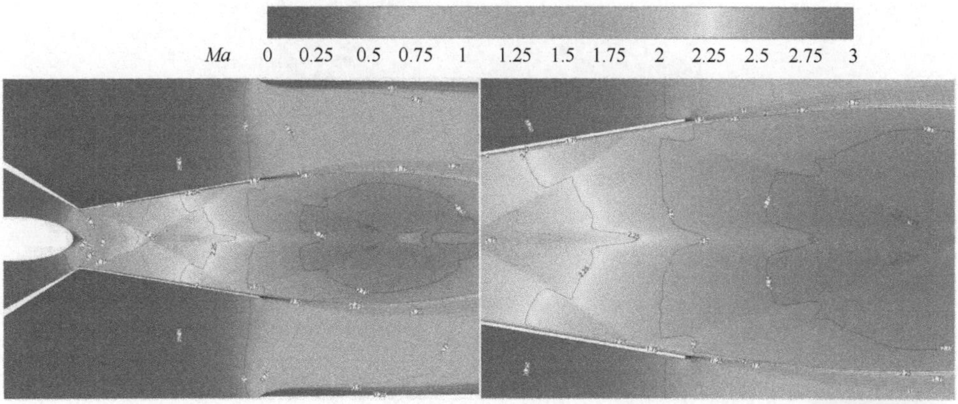

图 4-14 设计工况条件下两相引射器马赫数云图

扫码看彩图 4-14

明显的剪切层，强烈的动量交换使被引射蒸汽在短距离内实现加速。沿混合段轴向，剪切层逐渐增厚，速度梯度被削弱，截面流速分布逐步趋于均匀；至混合段末端，流体速度较为均匀，为扩压段内的压能恢复提供了稳定条件。马赫数云图进一步揭示了喷管喉部下游的流动特征。可观察到激波串的分布，其强度由近喉部向下游逐渐减弱。喷管出口至混合段前半段维持超声速流动，随后在混合与耗散作用下逐渐过渡为亚声速。混合段中后部等马赫线趋于平直，流向一致性良好，且未出现明显的回流或分离现象。这表明在设计工况下的引射器具有良好的流动稳定性和抗失稳能力。压力分布与速度、马赫数结果保持一致。喷管出口区域出现低压区，对应激波串的位置。进入混合段后，压力逐步回升，激波间距加大且强度减弱，这表明不可逆损失受到了有效控制。扩压段内的压力恢复过程平缓连续，出口能够稳定达到设计背压水平。

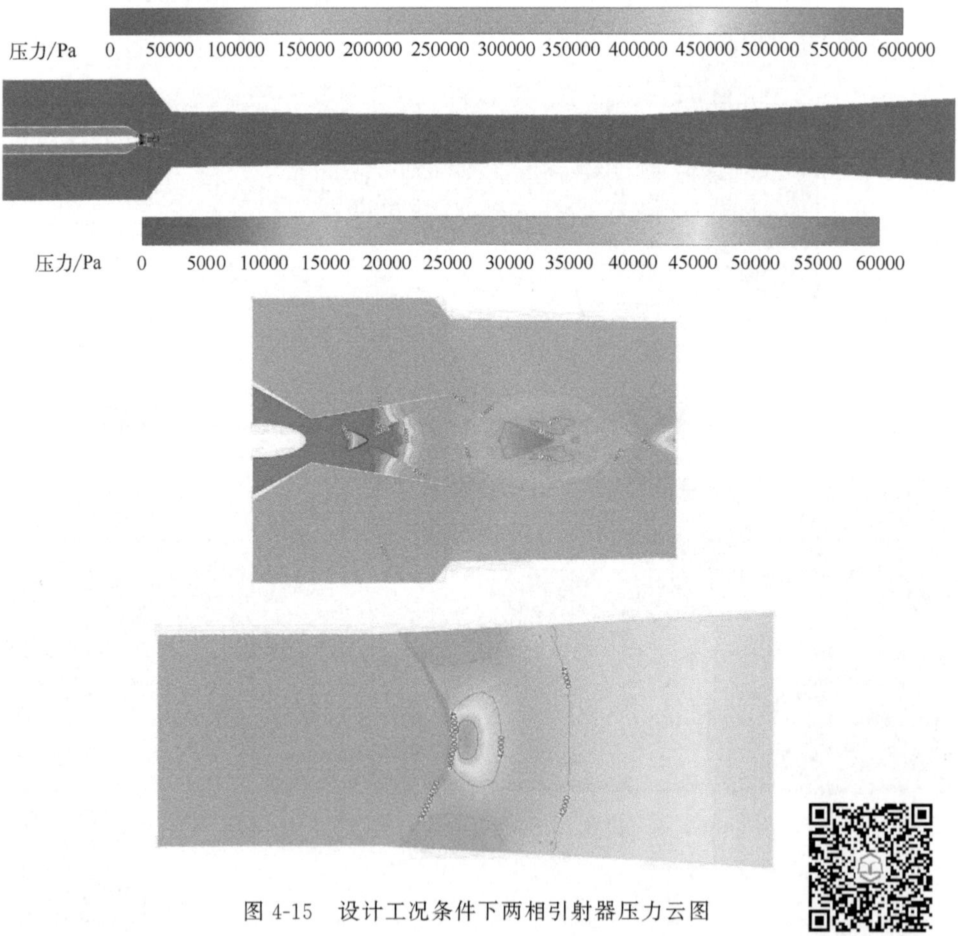

图 4-15 设计工况条件下两相引射器压力云图

扫码看彩图 4-15

综上所述，设计工况下的引射器内部流场呈现“高速射流核心-弱串列激波-剪切层扩展-均匀混合-平稳压升”的典型特征。速度场揭示了强卷吸与动量交换，马赫数场显示了激波逐步衰减，压力场则反映了扩压段良好的压能恢复过程。三类结果相互吻合，表明在该工况下引射器不仅能实现较高的引射效率，而且运行过程稳定，具有充足的安全裕度。

图 4-16～图 4-18 分别给出了变工况条件下，两相引射器的速度云图、马赫数云图和压力云图。在变工况条件下，虽然引射系数提高至 1.76，表现出更强的卷吸能力，但升压比却较设计工况明显下降，其数值为 1.55。速度与马赫数云图表明，工作蒸汽喷管后的射流动量不足，虽然仍形成较长的高速区，但流场非均匀性在混合段末端和扩压入口依旧显著，且局部流动接近甚至超过声速，导致扩压段压力恢复效率降低。与设计工况相比，变工况条件下的激波串更为分散和弱化，混合区内总压以小幅耗散的方式逐步消耗，难以形成连

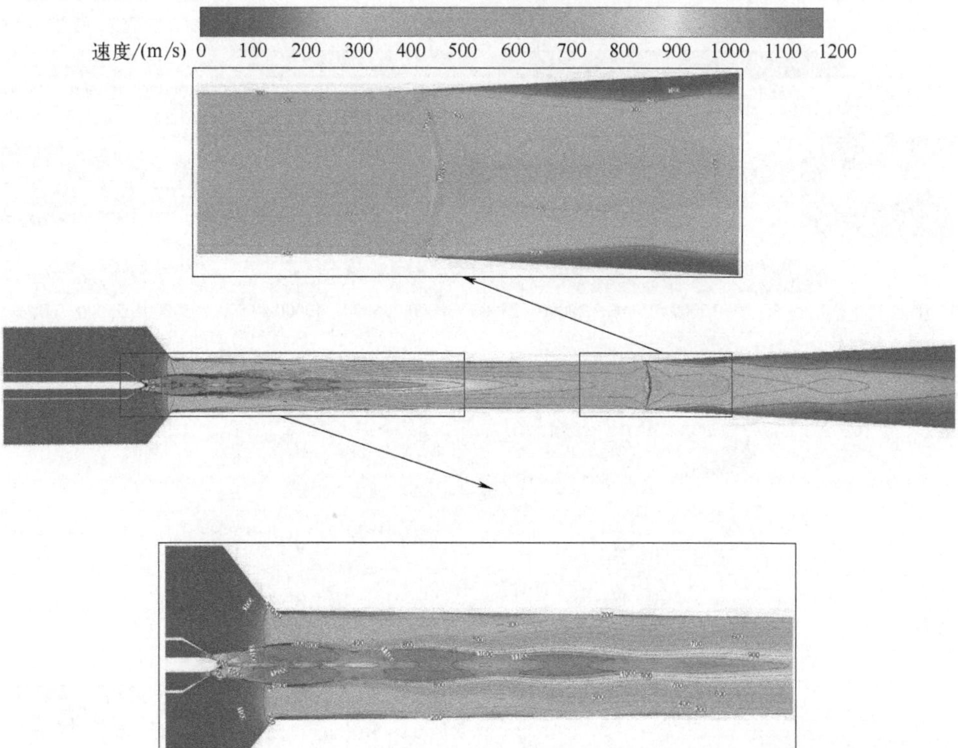

图 4-16　变工况条件下两相引射器速度云图

扫码看彩图 4-16

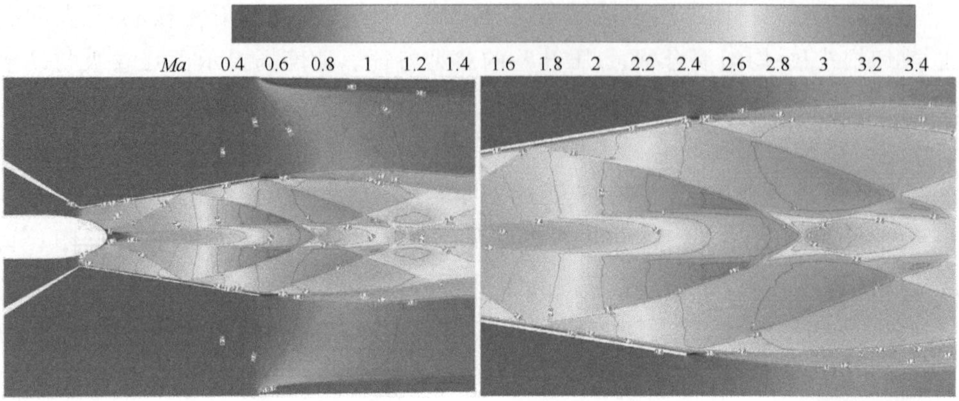

图 4-17 变工况条件下两相引射器马赫数云图

扫码看彩图 4-17

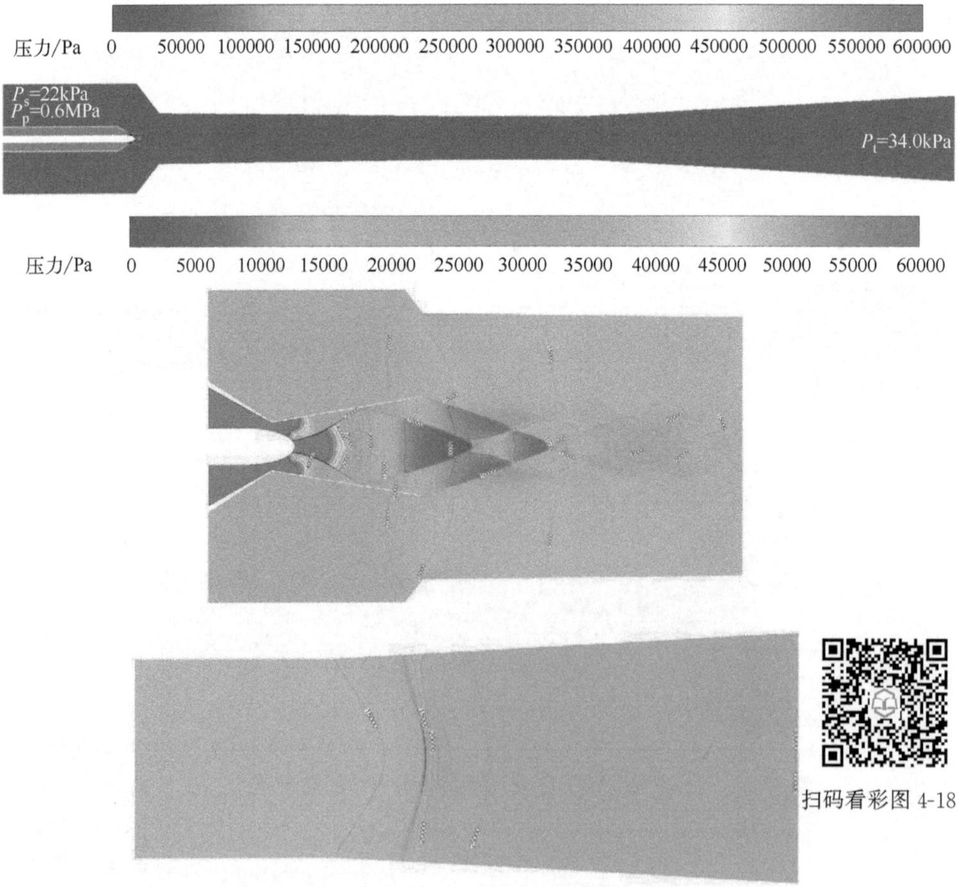

扫码看彩图 4-18

图 4-18 变工况条件下两相引射器压力云图

续稳定的压升。同时，在流动量不足的条件下，高引射系数虽增加了混合质量流量，但使单位质量流体所具备的动量与能量降低，从而限制了扩压段的静压回收能力，最终出口压力仅为34kPa。由此可见，该工况虽能实现高卷吸，但因工作流体动量不足及扩压入口非均匀来流的影响，其压升能力明显减弱，难以满足升压性能的需求。

4.3 本章小结

本章基于已验证的数值模拟方法，针对单相引射器系统研究了工况参数（背压、工作流体压力、引射流体压力）与关键结构参数（吸收室角度、混合室长度、喷嘴距）对可调引射器性能（引射系数、临界背压）的影响规律。此外，研究了两相引射器的流场特性，旨在为引射器的优化设计与高效运行提供理论依据。通过研究，本章得出以下主要结论。

工况参数影响机制：揭示了引射器在临界、亚临界及回流模式间的转变规律。研究表明，存在一个使引射系数达到峰值的最佳工作流体压力；而引射系数随引射流体压力的增加而单调递增。背压的升高则会直接导致引射器从临界模式向性能急剧劣化的亚临界及回流模式转变。

吸收室角度优化：吸收室角度对引射性能存在显著的非线性影响。角度过小易诱发涡流，挤占流动空间；角度过大则导致两股流体流向不匹配，混合效果下降。综合分析确定，在本章设计工况下，15°为最优吸收室角度。

混合室长度的确定：混合室长度存在一个有效区间。长度过短无法提供充分的混合与升压空间；超过必要长度后，引射系数趋于稳定，但流动损失增加，临界背压反而下降。

喷嘴距优化规律：喷嘴距（NXP）对性能的影响呈现明显的“先增后减”趋势。存在一个最优值使引射系数与临界背压同时达到最大。距离过短导致混合不充分，过长则造成工作流体过度膨胀与能量耗散。

两相引射器数值结果显示，喷管出口下游形成高速射流核心及串列弱激波，混合段内两股蒸汽迅速卷吸混合，扩压段实现稳定压升。

综上所述，本章通过详尽的参数化研究，明确了引射器性能对不同操作条件与几何结构的响应特性，不仅深化了对内部复杂流动的认识，更为关键的结构参数的工程选型提供了直接的量化依据与优化方向。这些结论对于指导引射器在实际工况下高效、稳定运行具有重要的实践意义。

第5章 高温高压蒸汽引射器实验研究

5.1 高温高压蒸汽引射器实验系统

耦合蒸汽引射器的热电联产系统能够实现热电解耦和余热回收。作为系统中的关键部件，引射器的性能对系统的稳定性和高效运行至关重要。然而，目前针对可调蒸汽引射器的实验研究多集中于中低参数工况，缺乏针对高温高压蒸汽引射器性能的实验研究。为此，本章设计并搭建了高温高压可调蒸汽引射器实验系统，开展了相关实验研究。

5.2 实验系统设计

如图 5-1 所示为高温高压可调蒸汽引射器实验系统示意，主要包括引射器、高压柱塞泵、低压柱塞泵、高压预热器、低压预热器、换热器、调节阀和数据采集系统。测量装置主要包括压力传感器、热电偶和流量计，分别对压力、温度以及流量信号进行监测。水箱中的去离子水分为两路：一路作为工作流体经柱塞泵加压至实验所需压力，进入换热器和高压预热器，升高温度至实验所需，然后进入引射器；另一路作为引射流体经柱塞泵加压至实验所需压力，进入低压预热器，升高温度至实验所需，然后进入引射器；工作流体和引射流体在引射器内混合升压后流出引射器，混合流体流经换热器，再经冷却塔冷却后流出系统。如图 5-2 所示为高温高压可调蒸汽引射器实验系统实物。

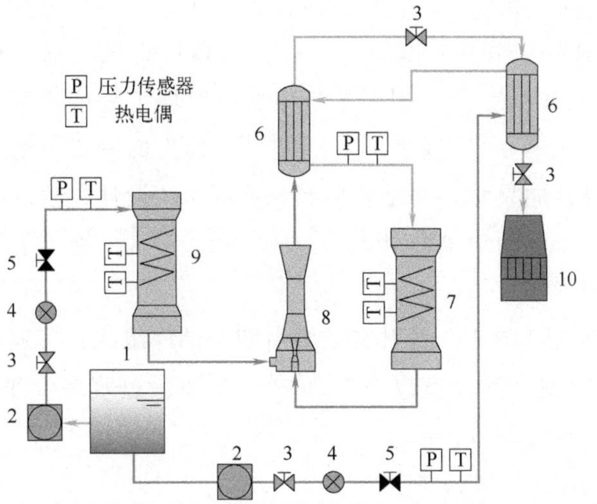

图 5-1　高温高压可调蒸汽引射器实验系统示意

1—水箱；2—柱塞泵；3—调节阀；4—流量计；5—单向阀；6—换热器；
7—低压预热器；8—引射器；9—高压预热器；10—冷却塔

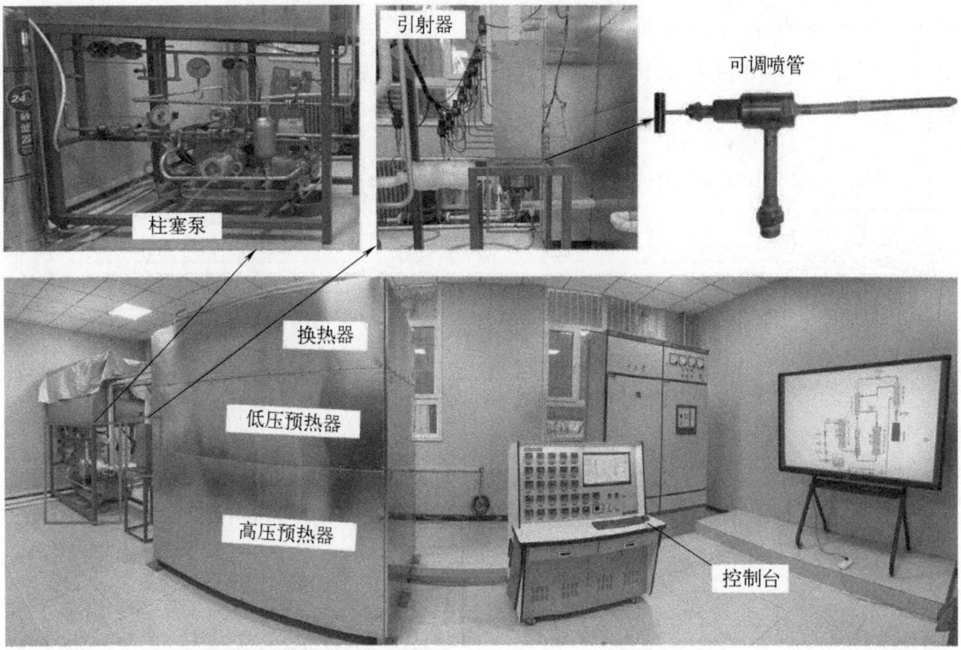

图 5-2　高温高压可调蒸汽引射器实验系统实物

（1）可调蒸汽引射器

由于本书研究对象为热电联产系统中的高旁引射器，以耦合蒸汽引射器的某 350MW 热电联产系统为例，设计工况条件下，主蒸汽经过减温减压器后压力下降至约 11MPa，作为工作蒸汽进入引射器；高压缸部分排汽作为引射蒸汽，压力约为 2.5MPa，进入引射器。根据引射器工程应用背景，确定了其设计工况要求，详见表 5-1。基于 Huang 等[12] 提出的一维引射器设计模型获得了引射器的关键径向尺寸，并结合索科洛夫[66] 的设计方法获得了引射器轴向尺寸。高温高压蒸汽引射器结构尺寸见表 5-2。图 5-3 给出了可调蒸汽引射器结构尺寸示意图。

本实验研究的可调蒸汽引射器主要由四个部件组成：可调喷管（包括调节锥和喷管）、吸收室、混合室以及扩压室。在实验过程中，采用了灵活设计，可以实现三种结构的调节：

① 喷管喉部面积可调；

② 喷管可替换；

③ 喷嘴距可调（喷管出口与混合室之间的距离）。

图 5-4 给出了引射器装配示意。由于可调喷管处于高温高压状态，为确保安全性，可调喷管采用 625 不锈钢制造，引射器其余部件则选用 314 不锈钢。引射器壁面压力测试孔如图 5-3 所示，主要测试混合室及扩压室压力，共 9 个测试点。

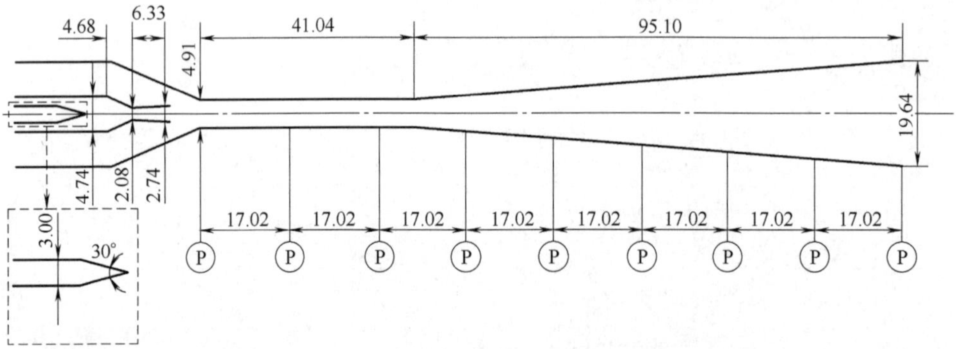

图 5-3 可调蒸汽引射器结构尺寸示意（单位：mm）

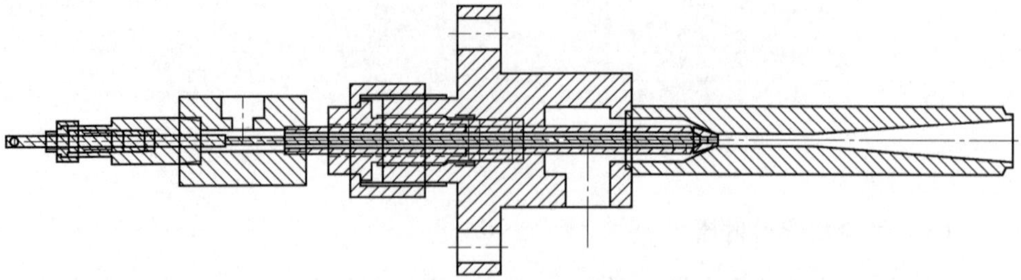

图 5-4 引射器装配示意

表 5-1　可调式蒸汽引射器设计工况

工作条件	压力/MPa	温度/℃	质量流量/(kg/s)
工作蒸汽	11	500	0.0388
引射蒸汽	2.5	250	0.0388

表 5-2　高温高压蒸汽引射器结构尺寸　　单位：mm

结构参数	数值
喷管入口半径 R_i	4.74
喷管喉部半径 R_t	2.08
喷管出口半径 R_o	2.74
混合室直径 D_m	4.91
混合室长度 L_m	41.04
扩压室长度 L_d	95.10
扩压室出口直径 D_{do}	19.64

（2）预热器

本实验采用直接电加热方式，预热器管道内安装电加热棒，通过电加热棒产生的热量对管道内的工质进行分级加热。高压预热器和低压预热器分别设有六级和五级加热单元，每一级预热器内安装两根电加热棒，用于加热流体。每级电加热功率为 60 kW，且每级电加热棒的温度调节范围不同，从而实现梯度加热。

（3）柱塞泵

柱塞泵是蒸汽引射器系统循环的动力设备，用于调节引射器的工作流体和引射流体的质量流量。在本实验系统中，引入了两台柱塞泵，以分别提供工作流体和引射流体所需的动力。实验所采用的变频高压柱塞泵和低压柱塞泵型号分别为 3DP20 和 G-90，通过变频器对泵的出口流量进行线性调节，调节频率范围为 0～50Hz。

（4）换热器

引射器排出的混合流体温度高达 350℃，若直接进入冷凝器，将导致大量余热损失。为提高系统的能源利用效率，本实验系统采用两级套管式换热器，将引射器排出的混合流体的余热回收，并用于预热进入引射器的工作流体。套管式换热器的设计基于对流换热、热平衡等原理，同时对管内流体压降及阻力进行校核，以确保在满足换热器换热要求的同时，避免管内流体压降过大。基于套管式换热器的设计计算，确定了套管式换热器的长度、内径和外径等关键参数。结果表明，两级换热器的最大换热能力可达 40kW，能够有效回收系统余热。

（5）水处理设备

实验采用的水处理设备基于反渗透膜原理，型号为 3DP20。该设备可持续提供去离子软水，去离子水电导率低于 0.5μs/cm，从而有效防止受热管内壁结垢和腐蚀，保证实验系统的长期稳定运行。

（6）控制台

在高温高压可调蒸汽引射器的实验研究中，压力和温度是实验过程中的关键控制变量。本实验系统通过调节控制台上电加热棒的启停顺序及数量，实现对工作流体和引射流体温度的精准控制，温度调节精度可达± 0.5℃。此外，通过调节控制台上变频器的频率来控制柱塞泵的流量，进而控制工作流体和引射流体的压力。

5.3 实验测量参数

为了监控实验系统的运行状态并获得相关实验参数，本实验主要对温度、压力和流量三个物理量进行测量。实验系统在高压管路、低压管路及背压管路上分别安装了压力传感器、热电偶和流量计，以实现对工作流体和引射流体物性状态的实时监控。

（1）温度测量

本实验系统测温元件为直径 3mm 的铠装 K 型热电偶，测量范围为 0～1300℃，经标定后的热电偶的测量误差为±1℃。所有温度传感器信号输出为 0～20mA 标准电流信号。

（2）压力测量

实验系统采用杭州米科技术有限公司生产的 MIK 系列智能压力变送器进行压力测量。MIK-P300 为单晶硅压力变送器，量程为 0～20MPa，其准确度为 0.075 级精度，供电方式为 24V（DC），带液晶显示，IP67 防护等级。所有压力传感器信号输出为 0～20mA 标准电流信号。

（3）流量测量

实验系统中采用陕西科创嘉园实业有限公司生产的 LWGY 系列智能涡轮流量计进行流量测量。流量计的量程为 0.06～0.6t/h，可以通过温压补偿转换为标况流量，其准确度为 1.0 级精度，供电方式为 24V（DC）。

（4）数据采集系统

实验系统中的数据采集系统采用了 NI CompactDAQ 模块化系统，该系统由信号采集模块、机箱以及基于 LabVIEW 编写的采集程序组成。压力传感器和流量计输出的是 1～5V（DC）的模拟信号，这些信号通过 9208 电压信号采集模块进行采集。热电偶的输出信号则通过 9213 热电偶采集模块直接采集。实验数据采集系统由 LabVIEW 软件设计，在 LabVIEW 操作界面上，电压信号根据传感器的量程被转换成数字信号，并设定每隔 3s 自动保存数据并存储至硬盘中。该系统能够对压力、温度和流量进行实时监测、分析处理和记录。

5.4 实验操作流程

（1）实验具体操作步骤

① 实验前先检查各实验管路及法兰连接处有无松动；检查循环系统，确保系统中各个阀门均处于正常位置；确保压力传感器和流量计的直流电源连接正常；确保采集系统各信号线连接正常，并打开采集程序，确保采集程序能正常运行；检查柱塞泵油质、油位是否正常。

② 开启制去离子水机器，保证去离子水箱内液面高度达到一半以上。

③ 打开冷却泵，保证水冷循环系统正常运行。

④ 打开柱塞泵，通过控制台上的变频器调节工作流体及引射流体质量流量。

⑤ 启动电加热系统，通过控制台逐步提高高压预热器、低压预热器的加热功率，实验段入口温度随加热功率的提高而升高。

⑥ 通过位于引射器出口管路上的手动调节阀来调节运行背压，待实验段稳定后进行数据采集。

⑦ 记录实验数据。

⑧ 完成后，调节不同的工作流体和引射流体压力、温度、流量，重复④～⑦步骤。由于工作蒸汽和引射蒸汽的压力及温度较高，因此系统稳定时间长，约为 6h。维持系统稳定所需的功率约为 300kW。

（2）实验注意事项

由于本实验工作介质的压力和温度较高，为保护人身和实验设备安全，需注意以下事项：

① 对于重要设备的运行状态（实验前后整个过程）均须安排专人巡检；

② 实验开始阶段，需检查引射器出口段背压调节阀处于开启状态，保证实验管路通畅，避免憋压；

③ 在启动预热器进行流体加热时，应逐步提高温度，避免因温度骤升而引发设备损坏或温度控制失效，同时，需持续监测预热器的加热情况和工作流体的温度，确保温度在设定范围内稳定；

④ 通过变频器调节柱塞泵的流量时，需精确控制工作流体和引射流体的流量，特别是在实验过程中，流量的波动应控制在最小范围内，确保实验数据的稳定性；

⑤ 在调节背压时，操作阀门要缓慢，调节压力的速度不可过快，以防止系统波动幅度过大，不易稳定；

⑥ 实验结束后，应逐步降温降压，避免设备因温度或压力骤降而受损。关闭系统时，应按程序顺序关闭各设备，并在确认系统已完全冷却且压力已降至安全范围内后再进行后续处理或拆卸。

5.5 实验不确定度分析和可重复性

（1）实验结果不确定度分析

系统误差和测量误差会影响实验测量结果的准确性，因此有必要对实验结果进行不确定度分析，以评估实验结果的可靠性。标准不确定度根据不同的评定方法可以分为两类：A 类评定和 B 类评定。A 类标准不确定度的计算公式基于一系列独立测量值的统计分析，通常采用测量数据的标准偏差来确定。其公式如下。

$$u_A = \frac{s}{\sqrt{n}} \tag{5-1}$$

式中　u_A——A类标准不确定度；

s——样本标准偏差，表示测量数据的离散程度；

n——独立测量的总次数。

样本偏差 s 的计算公式如下。

$$s = \sqrt{\frac{\sum_{i=1}^{n}(x_i - \overline{x})^2}{n(n-1)}} \tag{5-2}$$

式中　x_i——第 i 次测量的结果；

$\overline{x}$——测量结果的平均值；

n——测量次数。

B类评定则是基于其他信息的评估方法，不依赖重复测量的数据。这类不确定度评定是通过对实验设备、测量环境、仪器校准结果、参考文献等方面的资料进行分析，从而对测量的不确定度进行评估。

在本实验中，每个工况参数测量重复3次。得到A类标准不确定度，结合测量仪器的精度，得到实验参数范围内工作流体压力、温度和质量流量的不确定度分别为3.4%、5.4%和4.3%，引射流体的压力、温度和质量流量的不确定度分别为4.4%、3.8%和5.6%，背压的不确定度为4.5%。

（2）实验结果可重复性

实验结果的可重复性是评估实验可信度的重要依据之一。为验证本实验结果的重复性，在不同时间点进行了两次相同工况的实验，结果如图5-5所示。

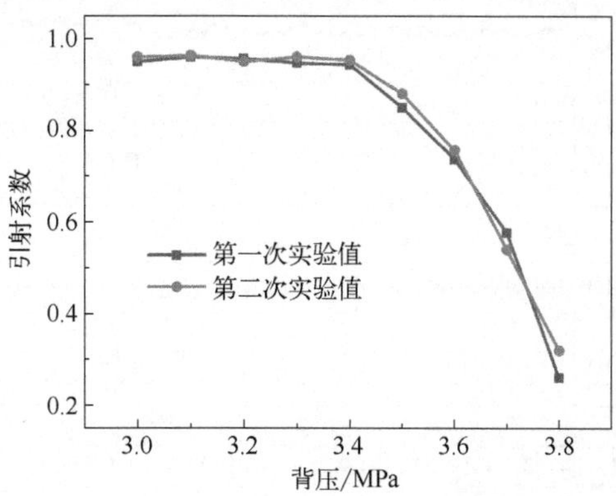

图5-5　引射系数随背压变化趋势的两次实验结果比较图

从图 5-5 中可以看出，两次实验的结果基本一致，表明本实验系统具有良好的重复性，实验数据具有较高的可靠性。

5.6 实验结果分析及模型验证

图 5-6 给出了 2022 年 11 月 1 日记录的工作蒸汽压力、引射蒸汽压力和背压随时间的变化趋势。图 5-7 给出了 2022 年 11 月 1 日记录的工作蒸汽温度、引射蒸汽温度和出口蒸汽温度随时间的变化趋势。引射器入口和出口的工作压力及温度数值在下午 2 点开始稳定，数据持续记录 80min。由图 5-6 和图 5-7

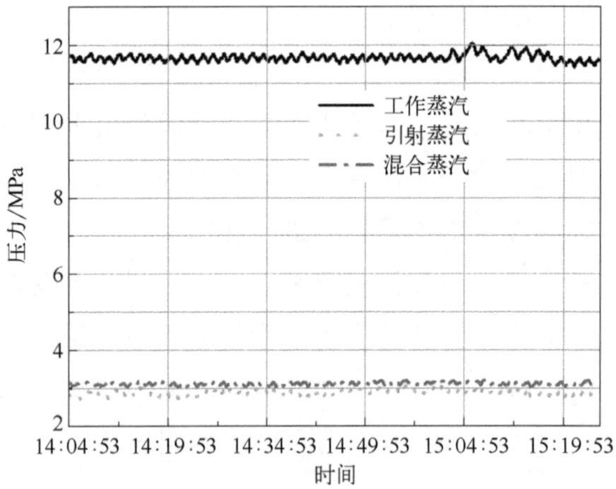

图 5-6　2022 年 11 月 1 日记录的工作蒸汽压力、引射蒸汽压力和背压随时间变化趋势

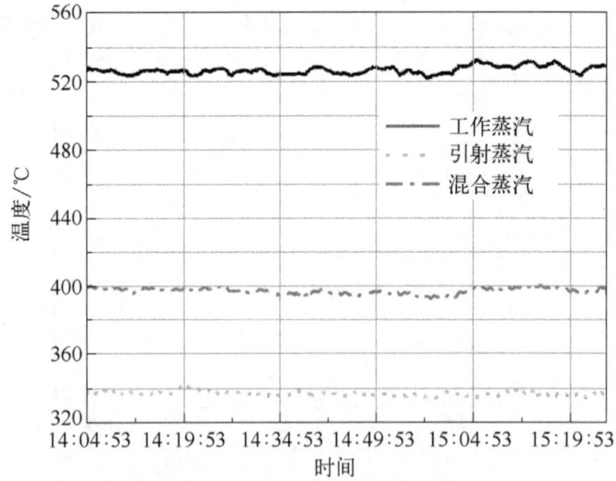

图 5-7　2022 年 11 月 1 日记录的工作蒸汽温度、引射蒸汽温度和混合蒸汽温度随时间变化趋势

中的原始数据可以看出，压力实验数据波动范围在±3%内，温度实验数据波动范围在±1%内。

图 5-5 给出了不同背压条件下引射系数的变化规律。可以看出，当背压小于 3.65MPa 时，随着背压增加，引射系数保持不变，此时引射器处于临界运行模式；当背压大于 3.65MPa 时，引射系数随着背压的增大而逐渐减小，此时引射器处于亚临界运行模式。图 5-8 给出了引射器在临界状态下的引射系数随工作蒸汽压力的变化趋势。随着工作蒸汽压力增加，引射系数逐渐减小，工作蒸汽压力从 11MPa 增加到 12MPa 时，引射系数从 1.16 减小到 0.82，这主要是因为随着工作蒸汽压力增加，工作蒸汽质量流量增大，而引射蒸汽质量流量几乎保持不变。图 5-9 给出了引射器在临界状态下的引射系数随引射蒸汽压力的变化趋势。随着引射蒸汽压力增加，引射系数逐渐增加，引射蒸汽压力从 2.1MPa 增加到 2.5MPa 时，引射系数从 0.91 增加到 1.16，这主要是因为随

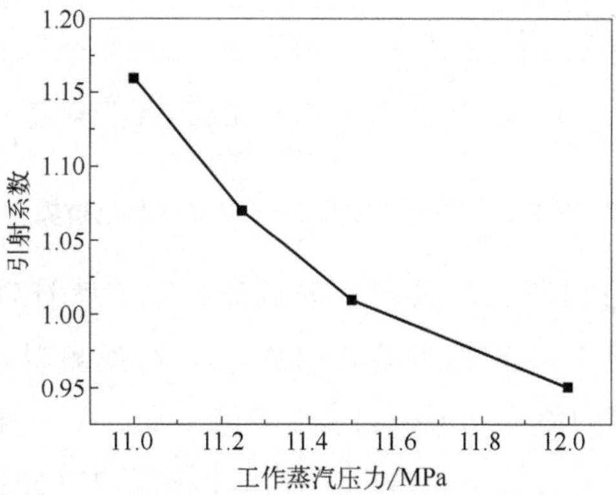

图 5-8　引射器在临界状态下的引射系数随工作蒸汽压力变化趋势

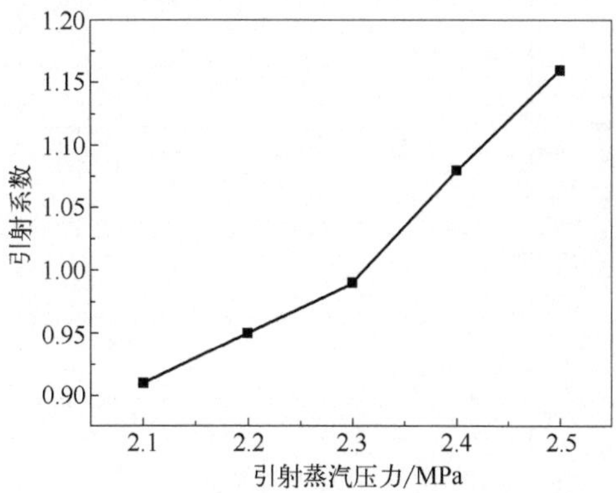

图 5-9　引射器在临界状态下的引射系数随引射蒸汽压力变化趋势

着引射蒸汽压力增加，引射蒸汽质量流量变大，而工作蒸汽质量流量几乎保持不变。

图 5-10 给出了引射系数随调节锥位移的变化趋势。可以看出，引射系数随调节锥位移的增加而逐渐升高，这是因为在工作蒸汽质量流量保持不变的情况下，调节锥位移的增加导致引射器入口处的工作蒸汽压力逐步升高，从而提高了喷管出口流体的动能。随着流体动能的增强，引射器的卷吸能力和引射性能得到提升。

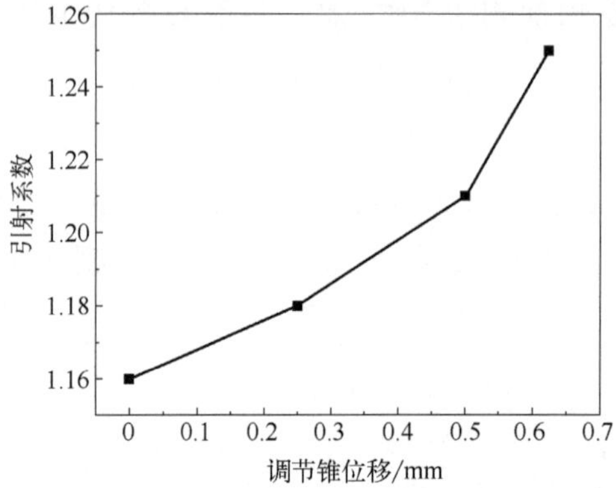

图 5-10　引射系数随调节锥位移变化趋势

图 5-11 给出了临界状态下采用本书数值模拟方法计算的引射系数与实验结果的比较。观察图 5-11 可以发现，引射系数的预测误差均在± 10%以内。数值结果与实验结果的差异主要来自以下三点。第一，引射器的加工制造和装配偏差可造成实验结果的偏差。第二，数值计算模型中引射器内表面粗糙度与

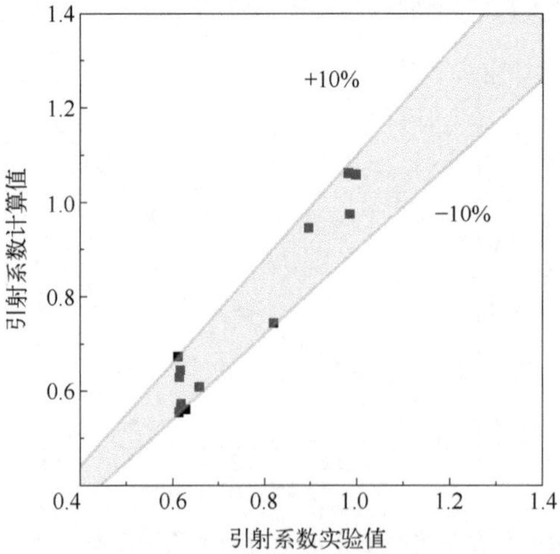

图 5-11　临界状态采用本书数值模拟方法计算的引射系数与实验结果比较

实验设备粗糙度的差异也会导致计算结果与实验数据的偏差。第三，数值模拟通常使用简化的数学模型来描述实际的物理过程，以降低计算复杂度。这些简化假设会导致结果与实验数据产生偏差。总体来说，这些偏差都在可接受的范围内，再次验证了本文对高温高压蒸汽引射器的数值模拟结果是准确可靠的。

5.7 本章小结

本章首先介绍了高温高压蒸汽引射器实验系统的组成、实验设备的工作原理，以及测量系统和自动控制系统的布置和设计。然后，详细说明了实验步骤和实验中相关参数的测量方法。为了确保实验结果的可信度，本章还进行了不确定度分析和实验结果的可重复性验证。

通过高温高压蒸汽引射器的实验研究，获得了不同工作蒸汽压力、引射蒸汽压力和背压条件下引射器的性能参数。通过将实验值与数值模拟结果进行对比分析，验证了本书引射器数值计算模型的准确性，总体误差在 10%以内，证明了数值计算模型的可靠性和实验结果的一致性。

参考文献

[1] Zhang Y J，Xiong N，Ge Z H，et al. A novel cascade heating system for waste heat recovery in the combined heat and power plant integrating with the steam jet pump [J]. Applied Energy，2020，278：115690.

[2] Liu M M，Liu M，Wang Y，et al. Thermodynamic optimization of coal-fired combined heat and power (CHP) systems integrated with steam ejectors to achieve heat-power decoupling [J]. Energy，2021，229：120707.

[3] 李先庭，吕俊复，朱建文，等. 一种高压引射式热电解耦供热系统：CN212027896U [P]. 2020-11-27.

[4] 孙博昭，岳爽，王春波，等. 350 MW超临界机组可调式蒸汽喷射器工业供热性能数值模拟研究及试验验证 [J]. 华北电力大学学报（自然科学版），2021，48（03）：98-107.

[5] 杨志平，宋四明，李维，等. 耦合喷射器热电联产系统设计及运行优化 [J]. 中国电机工程学报，2020，40（09）：2942-2951.

[6] 刘荣堂，王宇，范佩佩，等. 集成蒸汽喷射器的热电协同系统全工况性能分析 [J]. 动力工程学报，2023，43（01）：56-64.

[7] 张钧泰，刘明，种道彤，等. 集成蒸汽喷射器的热电解耦系统全工况性能分析 [J]. 动力工程学报，2021，41（08）：692-699.

[8] Zhu Y H，Cai W J，Li Y Z，et al. Anode gas recirculation behavior of a fuel ejector in hybrid solid oxide fuel cell systems：Performance evaluation in three operational modes [J]. Journal of Power Sources，2008，185：1122-1130.

[9] Keenan J H，Neumann E P ，Lustwerk F. An investigation of ejector design by analysis and experiment [J]. ASME Journal of Applied Mechanics，1950，72：299-309.

[10] Mandy J T，Bagster D F. A new ejector theory applied to steam jet refrigeration [J]. Industrial and Engineering Chemistry Process Design and Development，1977，16：442-449.

[11] Eames I W，Aphornratana S，Haider H. A theoretical and experimental study of a small-scale steam jet refrigerator [J]. International Journal of Refrigeration，1995，18（6）：378-386.

[12] Huang B J，Chang J M，Wang C P，et al. A 1-D analysis of ejector performance [J]. International Journal of Refrigeration，1999，22（5）：354-364.

[13] Liu J P，Wang L，Jia L. A predictive model for the performance of the ejector in refrigeration system [J]. Energy Conversion and Management，2017，150：269-276.

[14] Zhu Y H, Cai W J, Wen C Y, et al. Shock circle model for ejector performance evaluation [J]. Energy Conversion and Management, 2007, 48 (9): 2533-2541.

[15] Chen W X, Shi C Y, Zhang S P, et al. Theoretical analysis of ejector refrigeration system performance under overall modes [J]. Applied Energy, 2017, 185: 2074-2084.

[16] Ma Z W, Bao H S, Roskilly A P. Thermodynamic modelling and parameter determination of ejector for ejection refrigeration systems [J]. International Journal of Refrigeration, 2017, 75: 117-128.

[17] Kitrattana B, Aphornratana, Thongtip T. One dimensional steam ejector model based on real fluid property [J]. Thermal Science and Engineering Progress, 2021, 25: 101016.

[18] Cardemil J M, Colle S. A general model for evaluation of vapor ejectors performance for application in refrigeration [J]. Energy Conversion and Management, 2012, 64: 79-86.

[19] Ameur K, Aidoun Z, Ouzzane M. Modeling and numerical approach for the design and operation of two-phase ejectors [J]. Applied Thermal Engineering, 2016, 109: 809-818.

[20] Rogdakis E D, Alexis G K. Design and parametric investigation of an ejector in an air-conditioning system [J]. Applied Thermal Engineering, 2000, 20: 213-226.

[21] Yu J L, Ren Y F, Chen H, et al. Applying mechanical subcooling to ejector refrigeration cycle for improving the coefficient of performance [J]. Energy Conversion and Management, 2007, 48 (4): 1193-1199.

[22] Milazzo A, Rocchetti A. Modelling of ejector chillers with steam and other working fluids [J]. International Journal of Refrigeration, 2015, 57 (5): 277-287.

[23] Chen S J, Chen G M, Fang L Y. Fang. An experimental study and 1-D analysis of an ejector with a movable primary nozzle that operates with R236fa [J]. International Journal of Refrigeration, 2015, 60: 19-25.

[24] Taleghani S T, Sorin M, Poncet S. Modeling of two-phase transcritical CO_2 ejectors for on-design and off-design conditions [J]. International Journal of Refrigeration, 2018, 87: 91-105.

[25] Shu Y T, Yan J. Thermodynamic modeling and performance optimization of transcritical CO_2 dualevaporator refrigeration system enhanced with ejectors [J]. Applied Thermal Engineering, 2024, 249: 123433.

[26] Kumar V, Sachdeva G. 1-D model for finding geometry of a single phase ejector [J]. Energy, 2018, 165: 75-92.

[27] Kim H D, Setoguchi T, Yu S, et al. Raghunathan. Navier-Stokes computations of the supersonic ejector-diffuser system with a second throat [J]. Journal of Thermal Science, 1999, 8 (2): 79-83.

[28] Desevaux P, Aeschbacher O. Numerical and experimental flow visualizations of the mixing process inside an induced air ejector [J]. International Journal of Turbo and Jet En-

gines, 2002, 19 (1-2): 71-78.

[29] Riffat S B, Gan G, Smith S. Computational fluid dynamics applied to ejector heat pumps [J]. Applied Thermal Engineering, 1996, 16 (4): 291-297.

[30] Marynowski T, Desevaux P, Mercadier Y. CFD modeling of the two-phase flow in a moist air powered ejector [J]. Journal of Computational Multiphase Flows, 2009, 1 (3): 283-293.

[31] Hemidi A, Henry F, Leclaire S, et al. Bartosiewicz. CFD analysis of a supersonic air ejector. Part Ⅰ: Experimental validation of single-phase and two-phase operation [J]. Applied Thermal Engineering, 2009, 29 (8-9): 1523-1531.

[32] Hemidi A, Henry F, Leclaire S, et al. Seynhaeve, & Y. Bartosiewicz. CFD analysis of a supersonic air ejector. Part Ⅱ: Relation between global operation and local flow features [J]. Applied Thermal Engineering, 2009, 29 (14-15): 2990-2998.

[33] Sriveerakul T, Aphornratana S, Chunnanond K. Performance prediction of steam ejector using computational fluid dynamics: Part Ⅰ. Validation of the CFD results [J]. International Journal of Thermal Sciences, 2007, 46 (8): 812-822.

[34] Varga S, Oliveira A C, Ma X L, et al. Experimental and numerical analysis of a variable area ratio steam ejector [J]. International Journal of Refrigeration, 2011, 34 (7): 1668-1675.

[35] Bartosiewicz Y, Aidoun Z, Mercadier Y. Numerical assessment of ejector operation for refrigeration applications based on CFD [J]. Applied Thermal Engineering, 2006, 26 (5-6): 604-612.

[36] Smolka J, Bulinski Z N, Fic A, et al. A computational model of a transcritical R744 ejector based on a homogeneous real fluid approach [J]. Applied Mathematical Modelling, 2013, 37 (3): 1208-1224.

[37] Croquer S, Poncet S, GalanisN. Comparison of ejector predicted performance by thermodynamic and CFD models [J]. International Journal of Refrigeration, 2016, 68: 28-36.

[38] Zhu Y H, Jiang P X. Experimental and numerical investigation of the effect of shock wave characteristics on the ejector performance [J]. International Journal of Refrigeration, 2014, 40: 31-42.

[39] Kim M I, Kim O S, Lee D H, et al. Numerical and experimental investigations of gas-liquid dispersion in an ejector [J]. Chemical Engineering Science, 2007, 62 (24): 7133-7139.

[40] Ariafar K, Buttsworth D, Al-Doori G, et al. Sharifi. Mixing layer effects on the entrainment ratio in steam ejectors through ideal gas computational simulations [J]. Energy, 2016, 95: 380-392.

[41] Ariafar K, Buttsworth D, Al-Doori G, et al. Effect of mixing on the performance of wet

steam ejectors [J]. Energy，2015，93：2030-2041.

[42] Wang X D，Dong J L，Li A，et al. Tu. Numerical study of primary steam superheating effects on steam ejector flow and its pumping performance [J]. Energy，2014，78：205-211.

[43] García Del Valle J，Sierra-Pallares J，Garcia Carrascal P，et al. An experimental and computational study of the flow pattern in a refrigerant ejector. Validation of turbulence models and real-gas effects [J]. Applied Thermal Engineering，2015，89：795-811.

[44] Bodys J，Smolka J，Palacz M，et al. Hafner. Performance of fixed geometry ejectors with a swirl motion installed in a multi-ejector module of a CO_2 refrigeration system [J]. Energy，2016，117：620-631.

[45] Mazzelli F，Little A B，Garimella S，et al. Computational and experimental analysis of supersonic air ejector：Turbulence modeling and assessment of 3D effects [J]. International Journal of Heat and Fluid Flow，2015，56：305-316.

[46] Besagni G，Inzoli F. Computational fluid-dynamics modeling of supersonic ejectors：Screening of turbulence modeling approaches [J]. Applied Thermal Engineering，2017，117：122-144.

[47] Tao S Y，Dai Y Q，Zou J P，et al. Characteristics of static pre-cyclonic steam ejector [J]. International Journal of Thermal Sciences，2017，120：244-251.

[48] Śmierciew K，Gagan J，Butrymowicz D. Application of numerical modelling for design and improvement of performance of gas ejector [J]. Applied Thermal Engineering，2019，149：85-93.

[49] Mohamed S，Shatilla Y，Zhang T J. CFD-based design and simulation of hydrocarbon ejector for cooling [J]. Energy，2019，167：346-358.

[50] Wang X D，Dong J L，Zhang G L，et al. The primary pseudo-shock pattern of steam ejector and its influence on pumping efficiency based on CFD approach [J]. Energy，2019，167：224-234.

[51] Singer G，Pinsker R，Stelzer M，et al. Ejector validation in proton exchange membrane fuel cells：A comparison of turbulence models in computational fluid dynamics (CFD) with experiment [J]. International Journal of Hydrogen Energy，2024，61：1405-1416.

[52] Saeid O，Hashem G，Etaig S，et al. Performance assessment of ammonia base solar ejector cooling system emphasizing ejector geometries：A detailed CFD analysis [J]. Energy，2024，301：131770.

[53] Alanwar M，Hassan A A，Abdelatief M A，et al. Elsayed. Performance enhancement of steam ejector via novel primary nozzle bypass：CFD analysis [J]. International Communications in Heat and Mass Transfer，2024，159：108348.

[54] Matsuo K，Sasaguckhirk K. Investigation of Supersonic Air Ejector (Part 2，Effects of

throat-area-ratio on ejector performance) [J]. Bulletin of JSME, 1982, 25 (210): 1898-1905.

[55] Dvorak V, Safarik P. Supersonic flow structure in the entrance part of a mixing chamber of 2D model ejector [J]. Journal of Thermal Science, 2003, 12 (4): 344-349.

[56] Bouhanguel A, Desevaux P, Gavignet E. Flow visualization in supersonic ejectors using laser tomography techniques [J]. International Journal of Refrigeration, 2011, 34 (7): 1633-1640.

[57] Zhu Y H, Jiang P X. Experimental and analytical studies on the shock wave length in convergent and convergent-divergent nozzle ejectors [J]. Energy Conversion and Management, 2014, 88: 907-914.

[58] Rao S M V, Jagadeesh G. Observations on the non-mixed length and unsteady shock motion in a two dimensional supersonic ejector [J]. Physics of Fluids, 2014, 26 (3): 036103.

[59] Little A B, Garimella S. Shadowgraph visualization of condensing R134a flow through ejectors [J]. International Journal of Refrigeration, 2016, 68: 118-129.

[60] Little A B, Bartosiewicz Y, Garimella S. Visualization and validation of ejector flow field with computational and first-principles analysis [J]. Journal of Fluids Engineering, 2015, 137 (5): 051107.

[61] Zhu Y H, Wang Z C, Yang Y P, et al. Flow visualization of supersonic two-phase transcritical flow of CO_2 in an ejector of a refrigeration system [J]. International Journal of Refrigeration, 2017, 74: 354-361.

[62] Chen Z Z, Dang C B, Hihara E. Investigations on driving flow expansion characteristics inside ejectors [J]. International Journal of Heat and Mass Transfer, 2017, 108: 490-500.

[63] Karthick S K, Rao S M V, Jagadeesh G, et al. Reddy. Experimental parametric studies on the performance and mixing characteristics of a low area ratio rectangular supersonic gaseous ejector by varying the secondary flow rate [J]. Energy, 2018, 161: 832-845.

[64] Li Y F, Deng J Q, Ma L, et al. Zhang. Visualization of two-phase flow in primary nozzle of a transcritical CO_2 ejector [J]. Energy Conversion and Management, 2018, 171: 729-741.

[65] Lamberts O, Chatelain P, Bartosiewicz Y. Numerical and experimental evidence of the Fabri-choking in a supersonic ejector [J]. International Journal of Heat and Fluid Flow, 2018, 69: 194-209.

[66] 索科洛夫，津格尔. 喷射器 [M]. 黄秋云，译. 北京：科学出版社，1977.

[67] Chou S K, Yang P R, Yap C. Maximum mass flow ratio due to secondary flow choking in an ejector refrigeration system [J]. International Journal of Refrigeration, 2001, 24 (6): 486-499.

[68] El-Dessouky H, Ettouney H, Al-Fulaij H, et al. Multistage flash desalination combined with thermal vapor compression [J]. Chemical Engineering and Processing: Process Intensification, 2000, 39 (4): 343-356.

[69] El-Dessouky H, Ettouney H, Alatiqi I, et al. Al-Nuwaibit. Evaluation of steam jet ejectors [J]. Chemical Engineering and Processing: Process Intensification, 2002, 41 (6): 551-561.

[70] Fu W N, Li Y X, Liu Z L, et al. Numerical study for the influences of primary nozzle on steam ejector performance [J]. Applied Thermal Engineering, 2016, 106: 1148-1156.

[71] Wang L, Yan J, Wang C, et al. Li. Numerical study on optimization of ejector primary nozzle geometries [J]. International Journal of Refrigeration, 2017, 76: 219-229.

[72] Li H, Wang X D, Huang H L, et al. Numerical study on the effect of superheat on the steam ejector internal flow and entropy generation for MED-TVC desalination system [J]. Desalination, 2022, 537: 115874.

[73] Pianthong K, Seehanam W, Behnia M, et al. Aphornratana. Investigation and improvement of ejector refrigeration system using computational fluid dynamics technique [J]. Energy Conversion and Management, 2007, 48 (9): 2556-2564.

[74] Sharifi N. Axisymmetric and three dimensional flow modeling within thermal vapor compressors [J]. Heat and Mass Transfer, 2013, 49 (10): 1489-1501.

[75] Omidvar A, Ghazikhani M, Modarres Razavi S M R. Entropy analysis of a solar-driven variable geometry ejector using computational fluid dynamics [J]. Energy Conversion and Management, 2016, 119: 435-443.

[76] Yu A, Tang Q H, Zhou D Q. Entropy production analysis in thermodynamic cavitating flow with the consideration of local compressibility [J]. International Journal of Heat and Mass Transfer, 2020, 153: 119604.

[77] Li D Y, Wang H J, Qin Y L, et al. Entropy production analysis of hysteresis characteristic of a pump-turbine model [J]. Energy Conversion and Management, 2017, 149: 175-191.

[78] Kock F, Herwig H. Entropy production calculation for turbulent shear flows and their implementation in CFD codes [J]. International Journal of Heat and Fluid Flow, 2005, 26 (4): 672-680.

[79] Kock F, Herwig H. Local entropy production in turbulent shear flows: a high-Reynolds number model with wall functions [J]. International Journal of Heat and Mass Transfer, 2004, 47 (10-11): 2205-2215.

[80] Zeman O. Dilatation dissipation: The concept and application in modeling compressible mixing layers [J]. Physics of Fluids A: Fluid Dynamics, 1990, 2 (2): 178-188.

[81] Sarkar S, Erlebacher G, Hussaini M Y H, et al. The analysis and modelling of dilata-

tional terms in compressible turbulence [J]. Journal of Fluid Mechanics, 1991, 227: 473-493.

[82] Herwig H, Kock F. Direct and indirect methods of calculating entropy generation rates in turbulent convective heat transfer problems [J]. Heat Mass Transfer, 2007, 43: 207-215.